高等职业技术院校园林工程技术专业任务驱动型教材

园林花卉识别

人力资源社会保障部教材办公室　组织编写
齐伟 / 主编

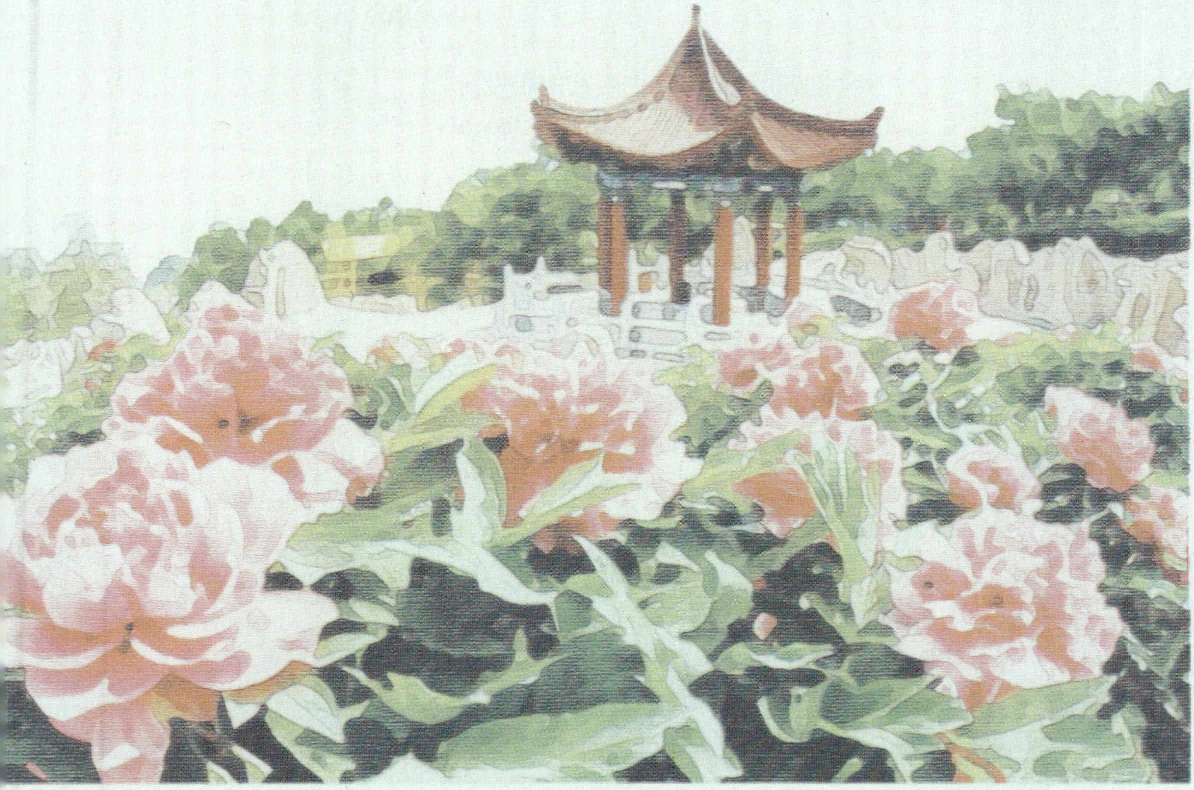

中国劳动社会保障出版社

简介

本教材介绍了常见一二年生花卉、宿根花卉、球根花卉、水生花卉、木本花卉、温室观花类盆栽花卉、温室观叶类盆栽花卉、温室观果类盆栽花卉、温室多肉多浆类盆栽花卉、兰科花卉等花卉的识别。教材采用墨线图、花卉形态照片、花或叶细部照片和园林应用照片，立体地展现了园林花卉的形态特征，有助于提高学生对园林花卉的识别和应用能力。教材可作为高等职业技术院校园林相关专业教材，也可作为园林工作人员的参考书、自学用书。

本教材由齐伟（甘肃林业职业技术学院）任主编，曾端香（国家林业局管理干部学院）、苏小惠（甘肃林业职业技术学院）任副主编，郭怀林（甘肃林业职业技术学院）、刘艳（天水市林业科学研究所）参加编写。张彦林（甘肃林业职业技术学院）审稿。

图书在版编目（CIP）数据

园林花卉识别 / 齐伟主编. -- 北京：中国劳动社会保障出版社，2017
高等职业技术院校园林工程技术专业任务驱动型教材
ISBN 978-7-5167-3268-7

Ⅰ.①园… Ⅱ.①齐… Ⅲ.①观赏园艺-高等职业教育-教材 Ⅳ.①S68

中国版本图书馆CIP数据核字（2017）第264101号

中国劳动社会保障出版社出版发行
（北京市惠新东街 1 号 邮政编码：100029）
*
中青印刷厂印刷装订 新华书店经销

787 毫米 ×1092 毫米 16 开本 18.5 印张 350 千字
2017 年 12 月第 1 版 2017 年 12 月第 1 次印刷
定价：44.00 元

读者服务部电话：（010）64929211/84209103/84626437
营销部电话：（010）84414641
出版社网址：http://www.class.com.cn
http://zyjy.class.com.cn

前 言

高等职业技术院校园林工程技术专业任务驱动型教材自出版以来，在学校的教学中发挥了重要作用。近年来，园林行业发展迅速，企业对从业人员的知识水平和职业能力也提出了更高的要求。为了适应这一变化，满足学校培养人才的需求，我们组织了一批教学经验丰富、实践能力强的教师与行业、企业专家，在充分调研的基础上，对现有教材进行了修订。

在内容上，新版教材仍然坚持以培养学生的四大能力，即园林工程施工技术能力、园林工程施工组织管理能力、园林测绘与设计能力、园林植物栽培养护及应用能力为目标，根据园林行业的现状和发展趋势以及企业的岗位需求，调整、更新了相关教材的结构和内容，体现行业新理念、新标准、新技术和新方法；根据教学需要增加了大量来源于园林工程实际的案例、实训和例题，以引导学生运用所学知识分析和解决实际问题。另外，为了更方便教学，此次修订将《园林花卉栽培与养护》分为《园林花卉》和《园林花卉识别》,《园林花卉》侧重于园林花卉的分类、习性、栽培养护及繁殖方法等,《园林花卉识别》侧重于园林花卉的形态特征与园林用途。

在表现形式上，新版教材充分考虑到学生的认知规律，通过设置“小知识”“技能提示”“知识链接”等不同栏目，增加教材的亲和力，激发学生的学习兴趣。同时，尽可能多地以图表代替冗长的文字叙述，使教材更加生动直观，易于学习。

本套教材的编写得到了有关省市人力资源和社会保障部门及一批高等职业技术院校的大力支持，教材的编审人员做了大量的工作，在此，我们表示诚挚的谢意！同时，恳切希望广大读者对教材提出宝贵的意见和建议。

人力资源社会保障部教材办公室

目　录

第八章　温室观果类盆栽花卉识别　230

第九章　温室多肉多浆类盆栽花卉识别　243

第十章　兰科花卉识别　268

第一章

一二年生花卉识别

第一节
一二年生花卉基础知识

一、一二年生花卉的概念及类型

一二年生花卉从种子到种子的生命周期为 1～2 年。一二年生花卉通常分为以下三种类型：

1. 一年生花卉

一年生花卉是指花卉的寿命在一年内结束的草本花卉，它从播种到开花、结实、枯死均在一个生长季内完成。一年生花卉通常在春天播种（故又称春播花卉），当年夏秋季节开花结实，遇霜枯死。万寿菊、茑萝、百日草、千日红、半支莲、鸡冠花、藿香蓟、地肤、波斯菊、凤仙、五色苋、皇帝菊、紫罗兰、夏堇、向日葵、翠菊、花烟草等，均为一年生花卉。

2. 二年生花卉

二年生花卉是指花卉的寿命需跨年度才能结束的草本花卉，其当年只进行营养生长，越年后开花、结实、死亡，在两个生长季内完成生活史。二年生花卉通常在秋季播种（故又称秋播花卉），次年春夏开花结实，然后枯死。虞美人、二月兰、金盏菊、雏菊、金鱼草、羽衣甘蓝、紫罗兰、毛地黄、飞燕草、红叶甜菜、风铃草等，均为二年生花卉。

由于各地气候及栽培条件不同，特别是目前园艺设施的广泛应用，一年生花卉与二年生花卉常无明显的界限，故统称为一二年生花卉。

3. 多年生作一二年生栽培花卉

在现实花卉生产中，有些本是多年生的花卉被当作是一二年生花卉生产和应用，这类花卉即为多年生作一二年生栽培花卉。如石竹、一串红、矮牵牛、旱金莲、三色堇、红绿草、美女樱、南非万寿菊等。有些种类甚至可以长成亚灌木状，如长春花、彩叶草等。

多年生作一二年生栽培的花卉，通常由于栽培地与原产地的气候差异，露地越夏或越冬困难，且越夏或越冬维护成本较高，以及多年生长后观赏效果不佳等，故作一二年生花卉栽培。

多年生作一年生栽培的花卉具有容易结实、当年播种当年开花的特点，如长春花、一串红等；多年生作二年生栽培的花卉，具有容易结实、当年播种次年开花的特点，如毛地黄、美女樱等。

二、一二年生花卉的应用优势及不足

应用优势有：

1. 种类多，形态各异，品种丰富。

2. 生育期短，开花快，播种后 2～4 个月即可开花。

3. 种子繁殖较易成活，繁殖量大，繁殖材料易储运，即使栽植植株，也具有苗小、易运、易植的优势。

4. 管理相对简单、粗放，成本低。

不足体现在：

1. 栽培程序复杂，育苗管理要求精细，二年生花卉有时需要保护越冬。

2. 种子容易混杂、退化，需要通过良种繁育才能保持观赏质量。

三、一二年生花卉的园林应用特点

一二年生花卉可用于花坛、种植钵、花带、花丛花群、地被、花境、切花、干花、垂直绿化等。其园林应用特点有：

1. 一年生花卉是夏季景观中的重要花材，二年生花卉是春季景观中的重要花材。

2. 花卉色彩美丽鲜艳，开花繁茂整齐，装饰效果好。重点绿化、美化环境时常使用此类花卉，能够在园林中起到画龙点睛的作用。

3. 花坛、种植池、窗盒等规则式种植常使用此类花卉。

4. 易获得花卉种苗，方便大面积栽培使用，见效快。

5. 每种花卉花期集中，方便及时更换种类，保证较长期的、良好的观赏效果。

6. 有些种类的花卉可自播繁殖，形成野趣。

7. 藤蔓花卉可用于垂直绿化，见效快且对支撑物的强度要求低。如茑萝、牵牛花等。

8. 为了保证良好的观赏效果，花卉一年中要更换多次，因此管理费用较高。

9. 花卉对环境要求较高，直接地栽时需要选择排水良好且土壤肥沃的种植地点。

第二节
常见一年生花卉识别

一、万寿菊 *Tagetes erecta*（见图 1—1）

〖别名〗臭芙蓉、蜂窝菊、万寿灯、臭菊花。

〖科属〗菊科万寿菊属。

〖产地及分布〗原产于墨西哥，现世界各地均有栽培。

图 1—1　万寿菊

〖识别要点〗

1. 株形株高：株高 40 ~ 70 cm。

2. 茎：茎粗壮，绿色，直立，具纵细条棱。

3. 叶：单叶对生，羽状全裂，裂片披针形具锯齿。上部叶有时互生，裂片边缘有油腺，锯齿有芒。

4. 花序和花：头状花序着生枝顶，径可达 10 cm，舌状花黄或橙色，总花梗肿大。

5. 果实：瘦果，黑色，冠毛淡黄色。

〖类型及品种〗栽培类型有很多，按植株高度可分为矮型（25 ~ 30 cm）、中型（40 ~ 60 cm）和高型（70 ~ 90 cm）；按花形可分为单瓣、重瓣、蜂窝形、伞展形、绣球形、卷钩形等；按花色可分为金黄色、橙黄色、乳白色、橘红色或复色等。

同属常见栽培种还有：

1. 细叶万寿菊（T.*tenuifolia*）：一年生。株高 30～60 cm。叶羽裂，具锐齿缘。舌状花数少，常仅 5 枚。如图 1—2 所示。有矮型变种，株高 20～30 cm。

2. 孔雀草（T.*patula*）：一年生。株高 20～40 cm。茎多分枝，细长而晕紫色，花红黄复色。播种至开花一般仅需 6～7 周。有红色、黄色、橙色等纯色品种。花形有单瓣型、重瓣型、鸡冠型等。如图 1—3 所示。

图 1—2　细叶万寿菊　　　　图 1—3　孔雀草

〖观赏期〗花期 6—10 月，无霜地区则全年有花。

〖园林用途〗花大、开花繁多、花期长、栽培容易。矮型品种最适宜花坛布置或花丛、花带栽植，还可用于窗盒、吊篮和种植钵；高型品种花梗长且挺直，切花水养持久。

【小知识】

万寿菊抗二氧化硫及氟化氢性能强，同时也能抗氮氧化物、氯气等有害气体，能吸收一定量的铝蒸气，是工厂常用的抗污染花卉。万寿菊也可药用，或用来提取色素。

二、鸡冠花 *Celosia cristata*（见图 1—4）

〖别名〗红鸡冠、鸡冠海棠、鸡冠苋。

〖科属〗苋科青葙属。

〖产地及分布〗原产于亚洲热带地区，现我国各地广泛栽培。

〖识别要点〗

1. 株形株高：株高 40～100 cm。

2. 茎：茎直立粗壮，上部有棱状纵沟，少分枝。

3. 叶：叶互生，长卵形或卵状披针形，全缘，有红、红绿、黄、黄绿等色，叶色与花色常有相关性。

4. 花序和花：肉穗状花序顶生，呈扇形似鸡冠，或扁球形、穗状等。有白、淡黄、金黄、淡红、火红、紫红等色。

图 1—4　鸡冠花

5. 果实：胞果，卵形，种子细小，亮黑色。

〖类型及品种〗园艺变种、变型很多。按花形分为头状和羽状；按植株高矮分为高型（80～120 cm）、中型（40～60 cm）和矮型（15～30 cm）。

同属常见栽培种有青葙（C.*argentea*）：株高 60～100 cm，茎紫色，叶晕紫，花序火焰状，紫红色。如图 1—5 所示。

图 1—5　青葙

〖观赏期〗自然花期夏、秋至霜降。

〖园林用途〗花序形状奇特，色彩丰富。矮型及中型鸡冠花适用于布置夏、秋季花坛、花台，也可盆栽摆设，群体摆放在城市中心广场、主道花坛、商厦入口等处，鲜艳夺目。高型鸡冠花适用于花境，也可作切花，切花瓶插能保持 10 d 以上。如若将其制成干花，则经久不凋。

【小知识】

原产于印度的鸡冠花，在印度被称为“波罗奢花”，于唐朝时传入我国。在旧时农历七月十五日的中元节，鸡冠花常被用来祭祖；中秋节常用鸡冠花来拜月。鸡冠花对二氧化硫抗性强。

三、茑萝类 *Quamoclit* spp.

〖科属〗旋花科茑萝属。

〖产地及分布〗原产于美洲热带地区、墨西哥及印尼，现我国各地广泛栽培。

〖识别要点〗

1. 株形株高：蔓性草本。

2. 茎：茎细长光滑。

3. 叶：叶互生。

4. 花序和花：聚伞花序，花冠漏斗状、高脚碟状或钟状，筒细长，檐部呈五角星状。有红、橘红、黄、白等色。

5. 果实：蒴果，卵形，种子长卵形、黑色。

〖类型及品种〗

1. 羽叶茑萝（Q.*pennata*）：别名绕龙花、游龙草、锦屏风、茑萝松。一年生缠绕草本，无毛。茎长达 6～7 m，光滑。单叶互生，羽状细裂，裂片整齐。花腋生，花冠高脚碟状，高出叶面，深红色，端部五角星形，筒部细长。此外还有纯白色和粉色花品种。如图 1—6 所示。

图 1—6　羽叶茑萝

2. 圆叶茑萝（Q.*coccinea*）：一年生。蔓生茎长达 3～4 m，多分枝而繁密。叶卵圆心形，全缘，有时在下部有浅裂或角裂。花单朵腋生，橙红或猩红色，花冠漏斗形。花多。如图 1—7 所示。

3. 槭叶茑萝（Q.*sloteri*）：又名掌叶茑萝。如图 1—8 所示。

图 1—7　圆叶茑萝

图 1—8　槭叶茑萝

〖观赏期〗花期 7—10 月。

〖园林用途〗茑萝是绝佳的绿棚植物，可用于花架、花窗、花门、花篱、花墙等处。羽叶茑萝和槭叶茑萝茎叶纤细秀丽，花叶俱美，如果在浅色墙面疏垂细绳让其缠绕，则景观甚美。圆叶茑萝枝叶浓密，可做成红花绿叶的矮篱或小型棚架，掩蔽或遮阴效果好。茑萝也可作地被花卉，不设支架，随其爬覆地面。

【小知识】

《诗经》云“茑与女萝，施于松柏”，意喻兄弟亲戚相互依附。茑即桑寄生，女萝即菟丝子，两者都是寄生于松柏的植物。茑萝之形态颇似茑与女萝，故合二名以名之。

四、百日草 *Zinnia elegans*（见图 1—9）

〖别名〗步步高、百日菊、对叶梅。

〖科属〗菊科百日草属。

〖产地及分布〗原产于墨西哥，现我国各地广泛栽培。

〖识别要点〗

1. 株形株高：株高 30～120 cm。

2. 茎：茎直立粗壮，被短毛，表面粗糙。侧枝成叉状分生。

3. 叶：对生无柄，基部抱茎，卵形至椭圆状卵形，全缘，叶面粗糙有短刺毛。

4. 花序和花：头状花序单生枝端，梗甚长，中空。舌状花一至多轮，有红、粉、白、桃红、黄、橙、紫等色；管状花黄橙色，集中在花盘中央，边缘分裂。

5. 果实：瘦果，椭圆形，扁小。

图 1—9　百日草

〖类型及品种〗栽培类型有很多。一般按花形可分为：大花重瓣型，花径 12 cm 以上，极重瓣；纽扣型，花径仅为 2～3 cm，圆球形，极重瓣；鸵羽型，花瓣带状而扭旋；大丽花型，花瓣先端卷曲；斑纹型，花具有不规则的复色条纹或斑点；低矮型，株高仅为 15 cm 左右。依据高度可分为：大花高茎类型，株高 90～120 cm，分枝少；中花中茎类型，株高 50～60 cm，分枝较多；小花丛生类型，株高仅 40 cm，分枝多。

〖观赏期〗花期 6—9 月。

〖园林用途〗花色丰富，株形美观，花期长，常用于花带、花境及花丛等。一些中型、矮型品种常用来栽植花坛或盆栽观赏，高型品种适合作切花生产。

【小知识】

百日草第一朵花开放后，侧枝顶端的花会比第一朵开得更高，因此得名“步步高”。

五、波斯菊 *Cosmos bipinnatus*（见图 1—10）

〖别名〗秋英、扫帚梅、大波斯菊、八瓣梅、格桑花。

〖科属〗菊科秋英属（波斯菊属）。

〖产地及分布〗原产于墨西哥及南美洲。

〖识别要点〗

1. 株形株高：株高 50～120 cm。

2. 茎：茎纤细而直立，株丛开展。

3. 叶：叶对生，二回羽状全裂，裂片较稀疏，线形，全缘。

图 1—10 波斯菊

4. 花序和花：头状花序顶生或腋生，总梗长，花径 5～8 cm，总苞片两层，内层边缘膜质。舌状花平展，共 8 枚，先端截形或微有齿，花呈粉、白、玫红等色；管状花明显，位于花盘中央部分，均为黄色。

5. 果实：花后很快坐果，瘦果，黑褐色，条状，有喙状尖端，成熟后自然散落。

〖类型及品种〗有托桂型品种、重瓣品种和半重瓣品种；有对短日照不敏感的品种。变种有：

1. 白花波斯菊（var.*albiflorus*）：花纯白色。

2. 大花波斯菊（var.*grandiflorus*）：花较大，有白色、粉红色、紫色。

3. 紫花波斯菊（var.*purpurea*）：花紫红色。

〖观赏期〗花期 9 月至霜降。

〖园林用途〗株形高大，叶形雅致，花大色粉，稀疏潇洒，花姿柔美可爱，风韵撩人。盛开时花海一片，随风摇曳，颇富诗意。适于布置花境，或在草地边缘、树丛周围及路旁成片栽植作背景材料，也可植于篱边、山石、崖坡、树坛或宅旁。

【小知识】

藏族乡亲称波斯菊为格桑花。格桑花被视为象征着爱与吉祥的圣洁之花，是西藏首府拉萨的市花。格桑在藏语里是幸福的意思，所以格桑花也叫幸福花。它喜爱高原的阳光，也耐得住雪域的风寒；它美丽而不娇艳，柔弱又不失挺拔，花色还可随着季节变化而发生转变。

六、千日红 *Gomphrena globosa*（见图 1—11）

〖别名〗千金红、火球花、红光球、千年红。

〖科属〗苋科千日红属。

〖产地及分布〗原产于亚洲热带，现世界各地广泛栽培。

图 1—11　千日红

〖识别要点〗

1. 株形株高：株高 15～60 cm。

2. 茎：茎粗壮，有沟纹，节膨大，上部多分枝，全株被灰白色柔毛。

3. 叶：叶对生，纸质，椭圆形至倒卵形，全缘，有柄。

4. 花序和花：头状花序球形，1～3 个着生于枝顶，有长总花梗；花小密生，小花具 2 枚腊质苞片，有光泽，有紫红、粉红、粉白或白等色，干后不凋，色泽不褪。

5. 果实：胞果，近球形，不开裂。

〖类型及品种〗有高型和矮型品种。变种有：

1. 千日白（var.*alba hort*）：小苞片白色。

2. 千日粉：小苞片粉红。

此外，还有近淡黄色和近红色的变种。

〖观赏期〗花期 7 月初至霜降。

〖园林用途〗植株低矮，花繁色浓，是布置夏、秋季花坛的好材料，也可用于花境、岩石园，还可盆栽观赏。千日红也是良好的自然干花材料。采集开放程度不同的千日红，插在瓶中观赏，宛若繁星点点，灿烂多姿，切花水养持久。

【小知识】

千日红对氟化氢敏感，是氟化氢的监测植物。千日红典型的头状花序，很容易让人误认为是菊科植物。这一点在识别时应引起注意。

七、醉蝶花 *Cleome spinosa*（见图 1—12）

〖别名〗西洋白花菜、紫龙须、凤蝶草、蜘蛛花。

〖科属〗白花菜科醉蝶花属。

〖产地及分布〗原产于南美热带地区，现世界各地广泛栽培。

图 1—12　醉蝶花

〖识别要点〗

1. 株形株高：株高 60～120 cm。

2. 茎：茎直立，分枝少，全株被黏质腺毛，有强烈的气味。

3. 叶：掌状复叶互生，总叶柄细长，基部具一对刺状托叶；小叶 5～7 枚，全缘，长椭圆状披针形，小叶柄短。

4. 花序和花：总状花序顶生，小花自下而上层层开放，在上部密集成花团。小花具长梗，花瓣 4 枚，倒卵状披针形，具长爪，侧向开放，初开时白色，后变成粉色至淡紫色；雄蕊 6 枚，蓝紫色，细长，长度为花冠的 2～3 倍，伸出花冠外。

5. 果实：蒴果，成熟后瓣裂。种子三角状卵形，浅褐色。

〖类型及品种〗同属植物约75种，主要产于美洲和非洲。

〖观赏期〗花期6—10月。

〖园林用途〗花瓣轻盈飘逸，盛开时似彩蝶飞舞，非常美丽；花序轴挺拔，下部具有明显的层层小花苞片和放射状轮生的长柄细蒴果，顶部又具有深浅不一展开的花朵，观赏价值极高。可用于夏、秋季节布置花坛、花境，也可进行矮化栽培，作为盆栽观赏。在园林应用中，可根据其能耐半阴的特性，将其种植在林下或建筑物阴面观赏。

【小知识】

醉蝶花是优良的抗污染花卉，对二氧化硫、氯气均有良好的抗性。醉蝶花是极好的蜜源植物，也可以用于提取优质精油。

醉蝶花在傍晚开放，次日白天凋谢，因此又叫夏夜之花，其短暂的生命给人虚幻无常的感觉。

八、夏堇 *Torenia fournieri*（见图1—13）

〖别名〗蓝猪耳、花公草。

〖科属〗玄参科蝴蝶草属。

〖产地及分布〗原产于亚洲热带、非洲林地。

图1—13 夏堇

〖识别要点〗

1. 株形株高：植株低矮，成簇生状。株高15～30 cm。

2. 茎：茎四棱，光滑，分枝多。

3. 叶：叶对生，卵形或卵状披针形，叶缘有细锯齿，叶柄长为叶长之半，秋季叶色变红。

4. 花序和花：花在茎上部顶生或腋生，花冠唇形，上唇浅紫色，下唇深紫色，基部色渐浅，喉部有醒目的黄色斑点。花萼膨大，萼筒上有5条棱状翼。有蓝紫、玫瑰红、乳黄等复色。

5. 果实：蒴果，种子细小。

〖类型及品种〗目前，园林栽培较多的是株高15~20 cm的品种，这些品种尤其适宜在花坛中应用；有株高10~20 cm的极矮品种，播种后2个月可开花；还有垂吊品种，可用于吊篮和种植钵。同属植物约30种。

〖观赏期〗花期6—9月。

〖园林用途〗叶色淡绿，花朵小巧，花色丰富，花期极长，生性强健，是夏季花卉匮乏时期的优美草花。适合种植于花坛、花台等处，也是优良的盆栽和吊盆花卉。

【小思考】

茎四棱、叶对生、唇形花冠，夏堇这三个特征与唇形科的识别要点十分相似。那么，夏堇与唇形科植物的主要区别是什么呢?

九、凤仙花 *Impatiens balsamina*（见图1—14）

〖别名〗指甲花、急性子、小桃红、透骨草。

〖科属〗凤仙花科凤仙花属。

〖产地及分布〗原产于我国南部、印度和马来西亚，现我国各地园林广泛栽培。

〖识别要点〗

1. 株形株高：株高20~80 cm。

2. 茎：茎直立肉质，光滑多分枝，浅绿或有红褐色晕，常与花色相关。

3. 叶：叶互生，狭至阔披针形，缘具细齿，叶柄两侧具腺体。

4. 花序和花：花单生或数朵簇生于上部叶腋，单瓣或重瓣，有时瓣上具条纹和斑点。萼片3，其中一片膨大，中空，向后弯曲。花瓣5。雄蕊5，花丝扁。花柱短，柱状5裂。花有朱红色、紫红色、橙色、粉色、白色、雪青色、复色等。

5. 果实：蒴果，纺锤形，外密被茸毛，种子成熟时果皮弹开。种子近球型，褐色。

〖类型及品种〗园艺品种极丰富，有爱神系列、俏佳人系列、邓波尔系列和精华系列；按株形可分为直立型、开展型和龙爪型；按花形可分为单瓣型、玫瑰型、山茶型和顶花型；按株高可分为高型、中型和矮型。有株高达150 cm的品种，冠幅可达100 cm。同属植物约500种，常见的种类有水金凤（*I.noli-tangere*）、窄萼凤仙花（*I.stenosepala*）、腺叶凤仙花（*I.glandulifera*）等。

图 1—14　凤仙花

〖观赏期〗花期 6—9 月。

〖园林用途〗风姿清丽、落落大方。花色品种极为丰富，是花坛、花境的好材料，也可作花丛和花群栽植。高型品种可栽在篱边庭前，矮型品种可盆栽观赏。

【小知识】

凤仙花像一只头、足、尾、翅都向上翘的生机盎然的凤凰，“凤仙花”之名由此而得。我国民间自古以来就有妇女用凤仙花花瓣染指甲的习俗，故有“指甲花”之称。在美国，凤仙花有个十分风趣的英文名字——“Touchmenot”，意思是“不要碰我”。的确，成熟的凤仙花果实像颗微型的炸弹，只要轻轻一碰，果实马上“炸”开，把种子弹出。

十、大花马齿苋 *Portulaca grandiflora*（见图 1—15）

〖别名〗龙须牡丹、松叶牡丹、太阳花、死不了。

〖科属〗马齿苋科马齿苋属。

〖产地及分布〗原产于南美巴西、阿根廷、乌拉圭等地，现世界各地广泛栽培。

〖识别要点〗

1. 株形株高：株高 15～20 cm。

2. 茎：茎匍匐状或斜生，茎杆肉质。

3. 叶：叶圆棍状或扁平肉质，互生，有时成对或簇生。

图 1—15　大花马齿苋

4. 花序和花：花单生或枝端簇生，花径 2～3 cm，单瓣或重瓣，花色极为丰富，有白、粉、红、橙、黄等单色品种或紫红、杏黄、具斑纹等复色品种。

5. 果实：蒴果，成熟时盖裂，种子细小，铁黑色。

〖类型及品种〗有大花和全日性开花品种。

同属栽培种有阔叶半支莲（*P.oleracea*）：多年生，叶宽大，长椭圆形。其他同大花马齿苋。

〖观赏期〗花期 5—11 月。单花花期短，整株花期长，7—9 月为盛花期。

〖园林用途〗植株矮小，茎、叶肉质光洁，花繁色艳，花期长，是良好的花坛用花，可用作毛毡花坛或花境、花丛、花坛的镶边材料。盆栽小巧玲珑，可陈列在阳台、窗台、走廊、门前、池边、庭院等多种场所观赏。若让其部分茎叶和花朵垂挂于花盆四周，垂立结合，则别有一番意趣。

【小知识】

大花马齿苋见阳光开花，早、晚和阴天花朵闭合，阳光愈强，开花愈好，故有“太阳花”“午时花”之名。它生长能力特别强，拔起来放在泥土上或掰枝子插入土壤就能生根，因此北方花卉爱好者又称其为“死不了”。过去还习惯将其称为“半支莲”，但为了避免和唇形科半支莲草混淆，现已很少采用此名。

十一、翠菊 *Callistephus chinensis*（见图 1—16）

〖别名〗江西腊、七月菊、蓝菊。

〖科属〗菊科翠菊属。

〖产地及分布〗本属仅 1 种，我国特有。原产于我国东北、华北以及四川、云南。

图 1—16　翠菊

〖识别要点〗

1. 株形株高：株高 20～100 cm。

2. 茎：茎被白色糙毛，直立，粗壮，上部多分枝。

3. 叶：叶互生，上部叶无柄，匙形；下部叶有柄，阔卵形或三角状卵形。叶缘具不规则粗锯齿。

4. 花序和花：头状花序单生枝顶，径 3～15 cm。野生原始种舌状花 1～2 轮，浅堇至蓝紫色；栽培种花色丰富，舌状花有白、黄、橙、红、紫、蓝等色，深浅不一，管状花黄色。有多种花型。

5. 果实：瘦果，短锥形，褐色。

〖类型及品种〗有许多品种。株形有直立型、半立型、分枝型、散枝型等。株高有矮型（30 cm 以下）、中型（30～50 cm）和高型（50 cm 以上）。花形有平瓣类和卷瓣类，如单瓣型、芍药型、菊花型、放射型、托桂型、驼羽型等。花有绯红、桃红、橙红、粉红、浅粉、紫、墨紫、蓝、白、乳白、乳黄、浅黄等色。

〖观赏期〗春、秋季。

〖园林用途〗品种多，类型丰富，花色多样、鲜艳，植株高、矮与开花早、晚的品种均有，是园林中重要的花卉。花期长，从 8 月开到霜冻。高型品种主要用作切花，水养持久，也可作背景花卉；中型品种适用于花坛、花境；矮型品种可用于花坛或作边缘材料，也可盆栽观赏。翠菊是北方庭院绿化常见的栽培草花之一。

【小知识】

翠菊1728年传入法国，1731年被英国引种，以后世界各国相继引入，经过杂交选育，新品种不断上市。目前，我国的翠菊已成为欧洲花卉市场的重要草花之一。在亚洲，日本也培育出不少优良的翠菊品种，使翠菊在日本草花中占有一定份额。此外，翠菊是氯气、氟化氢、二氧化硫的监测植物。

第三节 常见二年生花卉识别

一、羽衣甘蓝 *Brassica oleracea* var.*acephala* f.*tricolor*（见图1—17）

〖别名〗叶牡丹、牡丹菜、花包菜。

〖科属〗十字花科甘蓝属。

〖产地及分布〗原产于南欧一带，现世界各地广泛栽培。

图1—17　羽衣甘蓝

〖识别要点〗

1. 株形株高：株高20～40 cm，抽薹开花时连花序可高达1 m。

2. 茎：短缩茎，叶着生其上呈莲座状。

3. 叶：叶矩圆状倒卵形，宽大，集生茎基部，被白粉。叶柄粗而有翼，着生于短茎上。不包心结球，外部叶片呈粉蓝绿色，内部叶色极为丰富，有黄白、紫红、粉红等色，叶缘皱缩。

4. 花序和花：总状花序着生茎顶，花淡黄色。

5. 果实：长角果，圆柱形，种子球形。

〖类型及品种〗园艺品种形态多样，按高度分为高型品种和矮型品种；按叶的形态分为皱叶品种、不皱叶品种及深裂叶品种；按颜色分类，边缘叶有翠绿色、深绿色、灰绿色、黄绿色等品种，中心叶则有纯白色、淡黄色、肉色、玫瑰红色、紫红色等品种。目前，日本还培育出切叶品种和微型盆栽品种。

〖观赏期〗冬、春季。

〖园林用途〗植株低矮，叶色彩美丽、鲜艳，叶形多变，观赏期长，可在冬季少花季节布置在花坛、花境、花台等处，常用于镶边或组成各种美丽的图案。羽衣甘蓝是华中以南地区冬季花坛著名露地草本观叶植物，也是盆栽观叶的佳品。目前欧美及日本将部分观赏羽衣甘蓝品种用于鲜切花销售。

【小知识】

羽衣甘蓝营养丰富，含有大量的维生素 A、C、B_2 及多种矿物质，特别是钙、铁、钾含量很高。其维生素 C 含量非常高，每 100 g 嫩叶中维生素 C 含量达到 153.6～220 mg，可与西兰花媲美。羽衣甘蓝可以被连续不断地剥取叶片，并不断地产生新的嫩叶，其嫩叶可炒食、凉拌、做汤，在欧美国家多用其配上各色蔬菜做成色拉。

二、虞美人 *Papaver rhoeas*（见图 1—18）

〖别名〗丽春花、赛牡丹、舞草、百般娇、小种罂粟花。

〖科属〗罂粟科罂粟属。

〖产地及分布〗原产于欧、亚大陆温带，现世界各地多有栽培。

〖识别要点〗

1. 株形株高：株高 25～60 cm。

2. 茎：茎直立，细弱，全株茸毛。

3. 叶：叶片呈羽状深裂或全裂，边缘有不规则的锯齿，鲜绿色，主要生于分枝基部。

4. 花序和花：花单生，有长梗，未开放时花蕾下垂，花瓣 4 枚组成圆形花冠，花瓣薄，有光泽，似绢。花色丰富，有白、粉、红等色且深浅可变，或有不同颜色的边缘而形成复色。

5. 果实：蒴果，杯形，顶部平截，成熟时顶孔开裂，种子肾形，多数。

图 1—18　虞美人

〖类型及品种〗虞美人有复色、间色、重瓣和复瓣等品种。同属相近种有冰岛罂粟（*P.nudicaule*）（见图 1—19）和东方罂粟（*P.orientale*）（见图 1—20）。同科植物大花绿绒蒿也极具观赏价值。

图 1—19　冰岛罂粟

图 1—20　东方罂粟

〖观赏期〗花期 4—6 月。

〖园林用途〗花梗、花蕾及开花过程皆具有观赏性。花瓣质薄如绫，光洁似绸，虽无风也似自摇，风动时如彩蝶展翅，颇引人遐思，兼具素雅与浓艳华丽之美，具有中国古典艺术的风韵，堪称花草中的妙品。虞美人是春季美化花坛、花境以及庭院的草花，能够作温室花卉栽培。

【小知识】

虞美人和冰岛罂粟的区别

	虞美人	冰岛罂粟
花蕾	花未开时下垂，有淡黄色的刚毛，倒卵形	花未开时倒垂，被褐色刚毛，宽倒卵形
被毛	全株被毛	稀疏
叶片	羽状深裂或全裂，有基生叶与茎生叶	叶片形态变化大，但只有基生叶
花色	花色丰富，有白、粉、红等色且深浅有变化，或有不同颜色的边缘	有淡黄、黄、橙黄、红等色
果实	蒴果，杯形，长 1～2.2 cm	狭倒卵形、倒卵形或倒卵状长圆形，长 1～1.7 cm

三、金盏菊 *Calendula officinalis*（见图 1—21）

〖别名〗金盏花、黄金盏、长生菊。

〖科属〗菊科金盏花属。

〖产地及分布〗原产于欧洲南部，现世界各地均有栽培。

图 1—21　金盏菊

〖识别要点〗

1. 株形株高：株高 25～60 cm。

2. 茎：茎直立，多分枝，全株被软腺毛，有气味。

3. 叶：叶互生，长圆形或长圆状倒卵形，全缘，基生叶有柄，上部叶叶基抱茎。

4. 花序和花：头状花序单生茎顶，花径可达 15 cm。舌状花一轮或多轮，平展，金黄色或橘黄色，筒状花黄色或黄褐色。

5. 果实：瘦果，呈船形、爪形。

〖类型及品种〗有重瓣（实为舌状花多层）和卷瓣栽培品种，有绿色花心、深紫色花心等栽培品种。

〖观赏期〗花期 4—6 月。

〖园林用途〗植株矮生，花朵密集，花色鲜艳夺目，是早春园林中常见的草本花卉，适用于花坛、花带布置，也可作草坪的镶边花卉或盆栽观赏，亦可作温室花卉栽培。

【小知识】

金盏菊抗二氧化硫能力很强，对氰化物及硫化氢也有一定的抗性，是优良的抗污染花卉。

四、雏菊 *Bellis perennis*（见图 1—22）

〖别名〗春菊、延命菊。

〖科属〗菊科雏菊属。

〖产地及分布〗原产于西欧，现世界各地园林广泛栽培。

图 1—22　雏菊

〖识别要点〗

1. 株形株高：株高 15～20 cm，全株具毛。

2. 茎：具匍匐地下茎。

3. 叶：叶基生，长匙形或倒长卵形，先端钝，微有齿。

4. 花序和花：花莛自叶丛中抽生，长 10～15 cm，一莛一花，头状花序花径 3～5 cm，舌状花一轮或多轮，有粉、白、蓝、红、深红、紫等色，管状花黄色。

5. 果实：瘦果，扁平，灰白色。

〖类型及品种〗目前栽培品种主要有平瓣种、小花种、筒状花种等。

〖观赏期〗花期暖地 2—3 月，寒地 4—5 月。

〖园林用途〗花朵娇小玲珑，惹人喜爱，外观古朴，色彩和谐，早春开花，生机盎然。宜栽植于花坛、花境的边缘，或沿小径栽植；与春季开花的球根花卉配合，也很协调；此外，可盆栽观赏，也可作温室花卉栽培。

【小知识】

意大利人十分喜爱清丽姣娆的雏菊，认为它具有君子的风度和天真烂漫的风采，因此将它定为国花。

五、金鱼草 *Antirrhinum majus*（见图 1—23）

〖别名〗龙头花、龙口花、狮子花、洋彩雀。

〖科属〗玄参科金鱼草。

〖产地及分布〗原产于地中海沿岸及北非，现世界各地广泛栽培。

图 1—23　金鱼草

〖识别要点〗

1. 株形株高：株高 15～120 cm。

2. 茎：茎直立，基部有时木质化，茎中上部被腺毛，基部有时分枝。

3. 叶：下部叶常对生，上部叶互生；具短柄；叶片披针形至阔披针形，先端尖，基部楔形，全缘，幼时有毛。

4. 花序和花：总状花序顶生，长 20～60 cm，密被腺毛，小花有短梗，密生。花冠筒状唇形，外被绒毛，冠筒基部膨大成囊状如金鱼，上唇直立 2 裂，下唇 3 浅裂，开展，在中部向上唇隆起，呈假面状。花有白色、淡红色、深红色、肉色、浅黄色、深黄色、黄橙色、紫色及复色等。

5. 果实：蒴果，卵形，孔裂，种子细小。

〖类型及品种〗有花色、花形和高矮不同的品种，还有切花、重瓣和四倍体等品种。

〖观赏期〗花期 5—7 月。

〖园林用途〗花色鲜艳丰富，中、高型品种是做切花的良好材料，水养持久，也可作花坛、花境的背景或中心布置；矮型品种可成片丛植于各类花坛、花境，广泛用于岩石园，与百日草、万寿菊、矮牵牛等配植效果尤佳；特矮型品种适合在花坛、花境边缘种植；匍匐型品种适合作地被种植或盆栽陈列路边。可作温室花卉栽培。

六、紫罗兰 *Matthiola incana*（见图 1—24）

〖别名〗草桂花、春桃、草紫罗兰。

〖科属〗十字花科紫罗兰属。

〖产地及分布〗原产于欧洲地中海沿岸。

〖识别要点〗

1. 株形株高：株高 20～60 cm。

2. 茎：茎直立，基部稍木质化，全株被灰色星状毛。

3. 叶：叶互生，长圆形至倒披针形，全缘，灰绿色。

4. 花序和花：总状花序顶生，花梗粗壮；小花具 4 枚花瓣，花瓣倒卵形，十字状着生，花径约 3 cm，花有淡紫色、水粉色、粉红色等，具香气。

5. 果实：长角果，圆柱形，种子具白色膜质翅。

〖类型及品种〗栽培品种极多。依株高可分为高、中、矮三类；按花形可分为单瓣和重瓣；按花期可分为夏、秋、冬；依栽培习性可分为一年生和二年生。有纯白、淡黄、雪青、玫瑰红、桃红等色。变种有香紫罗兰（var.*annua*）：一年生，香气浓。紫罗兰有花坛和切花品种。常见栽培种还有夜香紫罗兰（M.*bicornis*）。

图 1—24 紫罗兰

〖观赏期〗花期 4—6 月。

〖园林用途〗花朵丰盛，色艳香浓，花期长，是春季花坛的重要花卉；也可用于花境、花带；还可作切花，水养持久，可周年供应。矮生多分株品种，可用于盆栽观赏。

【小知识】

一般在花市上出售的紫罗兰，实际上是鸭跖草科的紫鸭跖草，如图 1—25 所示。大家一定要将紫鸭跖草和紫罗兰区别开来。

图 1—25 紫鸭跖草

七、花菱草 *Eschscholtzia californica*（见图 1—26）

〖别名〗金英花、人参花。

〖科属〗罂粟科花菱草属。

〖产地及分布〗原产于美国加利福尼亚州。

图 1—26　花菱草

〖识别要点〗

1. 株形株高：全株被白粉呈灰绿色。肉质根。株高 30～60 cm。

2. 茎：茎质软，多分枝，无毛，多汁，常呈铺散状。

3. 叶：叶基生为主，有少量茎上互生叶，多回三出羽状深裂至全裂。

4. 花序和花：花单生枝顶，具长梗，花径 5～7 cm；花瓣 4 枚，狭扇形，金黄色，十分光亮，基部色深。花朵在阳光下开放，阴天或夜晚闭合。

5. 果实：蒴果，狭长圆柱形，长达 5～8 cm，自花托脱落后，两瓣自基部向上开裂，种子多数。

〖类型及品种〗栽培品种有单瓣和重瓣。花色有黄色、乳白色、橙色、橘红色、浅粉色、玫瑰红色、复色等，常见栽培种还有丛生花菱草（E.*caespitosa*）。

〖观赏期〗花期 4—8 月。

〖园林用途〗枝叶细密，开花繁茂，花姿独特优美，花瓣有丝质光泽，舒展而轻盈，具有自然气息，是优良的花带、花境和盆栽材料。因其株形比较松散，花期短，故不适合花坛应用。

【小知识】

花菱草是美国加利福尼亚州的州花，加利福尼亚州指定每年的 4 月 6 日为花菱草日。在加利福尼亚州的州界牌上有花菱草的图像。

第四节
常见多年生作一二年生栽培花卉识别

一、长春花 *Catharanthus roseus*（见图 1—27）

〖别名〗日日春、山矾花、五瓣梅。

〖科属〗夹竹桃科长春花属。

〖产地及分布〗原产于非洲东部，现我国各地园林广泛栽培。

图 1—27　长春花

〖识别要点〗

1. 株形株高：多年生常绿亚灌木状草本，株高 20 ~ 60 cm。

2. 茎：茎直立，近方形，多分枝。

3. 叶：叶对生，长椭圆状，叶柄短，全缘，两面光滑无毛，主脉白色明显，浓绿而有光泽。

4. 花序和花：花单生或数朵腋生，花冠高脚碟状，有 5 枚平展的花冠裂片，花朵中心有深色洞眼。花有玫瑰红、白、杏黄、粉、红、浅紫等色。

5. 果实：蓇葖果，双生，直立，平行或略叉开，长约 2.5 cm，直径 3 mm。种子黑色，长圆状圆筒形，两端截形，具有颗粒状小瘤。

〖类型及品种〗按照花色可分为：'白长春花'（'Albus'），花冠白色；'黄长春花'

（'Flavus'），花冠黄色；还有玫瑰红色、白色而喉部具红黄斑等品种。依据高度可分为：高型品种，株高 50～60 cm，适用于花坛和切花；矮型品种，株高 15～20 cm，全株呈球形，分枝多，花朵繁茂，适用于花坛和盆花；匍匐品种，株高 15～20 cm，适用于种植钵和吊盆。

〖观赏期〗夏季。

〖园林用途〗姿态优美，株形整齐，叶片苍翠具光泽，花势繁茂，花期较长，是优良的花坛、花境花卉。盆栽多用于秋、冬季室内观赏。切花水养持久，抗污染。

【小知识】

长春花全株具毒性，栽培时需注意。误食长春花后，会出现白血球减少、血小板减少、肌肉无力、四肢麻痹等症状。长春花乳汁中所含的生物碱，如长春花碱和长春新碱（vincristine），被提炼出来作为多种疑难杂症（如白血病、哈杰金氏症）的化学治疗药物。

二、一串红 *Salvia splendens*（见图 1—28）

〖别名〗爆仗红（炮仗红）、塞尔维亚、墙下红、西洋红。

〖科属〗唇形科鼠尾草属。

〖产地及分布〗原产于巴西，现我国各地广泛栽培。

图 1—28 一串红

〖识别要点〗

1. 株形株高：原为多年生亚灌木，作一年生栽培。株高 30～80 cm。

2. 茎：茎四棱，光滑，幼时绿色，后期呈紫褐色，基部半木质化。

3. 叶：叶对生，卵形或三角状卵形，先端渐尖，缘有锯齿，长 5 ~ 8 cm，叶柄较长。

4. 花序和花：轮伞状花序密集成串着生，花筒状，端部唇形，花冠筒伸出萼筒外，长 3.5 ~ 5 cm，下唇较短；花萼钟状，和花冠同色。花有鲜红、粉、红、紫、淡紫等色。

5. 果实：花萼基部着生 4 个小坚果，卵形，种子成熟时为浅褐色或黑褐色。

〖类型及品种〗常见的园艺栽培品种有一串白、一串紫、一串粉等。另外还有矮生一串红。目前市场上新推出花萼与花冠颜色不同的品种。

〖观赏期〗在有温室育苗的地区，露地栽植的花期可在整个生长期间。

〖园林用途〗花色鲜艳，花期长，常用于布置大型花坛、花境、花带或花台，气氛热烈，景观效果明显。近年来的新品种花色纯正、丰富，使花坛的色彩更加引人注目。还可作花丛和花群的镶边。矮生品种盆栽可用于窗台、阳台美化。

【小知识】

一串红在我国的栽培历史虽然不算太长，但在城市环境绿化、美化布置中却是应用最普遍、用量最多的花卉。

三、矮牵牛 *Petunia hybrida*（见图 1—29）

〖别名〗碧冬茄、撞羽朝颜。

〖科属〗茄科碧冬茄属。

〖产地及分布〗原产于南美，现欧美及日本等地广泛栽培。

图 1—29　矮牵牛

〖识别要点〗

1. 株形株高：株高 15 ~ 40 cm，全株被有白色腺毛，手感黏重。

2. 茎：茎直立稍呈匍匐状，多分枝，茎杆绿色。

3. 叶：叶互生，卵形，深绿色，全缘，几无柄，嫩叶略对生。

4. 花序和花：花单生叶腋及茎顶，花萼 5 裂，花冠漏斗状，花径 4 ~ 8 cm，开花多，色彩艳丽、丰富，有白色、红色、紫红色、蓝色和复色等。杂交种还具有香味，花期长。

5. 果实：蒴果，尖卵形，二瓣裂，种子细小，银灰色至黑褐色。

〖类型及品种〗按株形可分为垂吊型和花篱型；按瓣型可分为大花单瓣型、大花重瓣型、多花单瓣型、多花重瓣型等。

〖观赏期〗花期 4—10 月。

〖园林用途〗花朵较大，色彩丰富，花形变化颇多，已成为重要的盆栽和花坛花卉。单瓣品种适应性强，更适宜布置花坛。大花重瓣品种多用作盆栽造型。长枝种还可作为窗台、门廊的垂直美化材料。温室栽培可四季开花。

【小思考】

矮牵牛因其花似牵牛，植株矮小而得名。请问：它是“矮化的牵牛花”吗？它与牵牛花有亲缘关系吗？

四、三色堇 *Viola tricolor*（见图 1—30）

〖别名〗蝴蝶花、猫儿脸、鬼脸花。

〖科属〗堇菜科堇菜属。

〖产地及分布〗原产于欧洲，现世界各地广泛栽培。

〖识别要点〗

1. 株形株高：多年生草本。常作一二年生花卉栽培，株高 15 ~ 25 cm。

2. 茎：全株光滑，分枝多，呈丛生状。

3. 叶：叶互生，基生叶卵圆形，有叶柄；茎生叶披针形，具钝圆状锯齿，或呈羽状深裂，托叶宿存。

4. 花序和花：花梗细长，单花生于花梗顶端，侧向开放。花瓣 5 片，上面 1 片先端短钝，下面的花瓣向后伸展，状似蝴蝶，花径 4 ~ 5 cm。花色绚丽，每花有蓝紫、白、黄三色，花瓣中央还有一个深色的“眼”状斑纹。近代培育出的大花三色堇花色很丰富，有单色和复色品种，花形很美。花萼 5 片，宿存。

5. 果实：蒴果，椭圆形，呈三瓣裂。

〖类型及品种〗品种分类：

图 1—30 三色堇

1. 大花型：花径 10～12 cm，有红、粉、紫、蓝、黄等单色品种，还有蓝、白、红、黄等色组合的双色品种。

2. 中花型：花径 5～7 cm，有橙、黄、白、红、蓝、紫等色。

3. 小花型：花径 3～5 cm。如露西姬姑娘（Baby Lucia），花径 3.5 cm，株高 10～12 cm，花天蓝色，花期长，是真正迷你小花。

有些品种没有“眼”斑纹而成同一色，如黑魔（Black Devil）为真正黑色花。

〖观赏期〗花期通常为 4—6 月，南方可在 1—2 月开花。

〖园林用途〗植株矮生，花色丰富，开花早，是优良的春季花坛的主要花卉材料。用它布置花坛、花境、花池、岩石园、野趣园等，均能形成独特的景观效果。同时，也可作地被植物覆盖地面，还可盆栽观赏。由于其花形奇特，还可剪取做艺术插花的素材。可作温室花卉栽培。

【小知识】

“花中谁似猫，唯有三色堇”。三色堇 5 块花瓣，形似猫儿的两颊、两耳和一张嘴巴，因而人们就俗称它为“猫儿脸”。熟识京剧脸谱的人士认为，它有的像张飞，有的似李逵，也有的说它是程咬金的化身。于是有人干脆给它取了个浑名，叫“鬼脸花”。

五、美女樱 *Verbena hybrida*（见图 1—31）

〖别名〗草五色梅、铺地马鞭草、铺地锦、四季绣球、美人樱。

〖科属〗马鞭草科马鞭草属。

〖产地及分布〗原产于巴西、秘鲁、乌拉圭等地，现世界各地广泛栽培，我国各地也均有引种栽培。

图 1—31　美女樱

〖识别要点〗

1. 株形株高：多年生草本，常作一二年生花卉栽培，全株具灰色茸毛，株高 30～50 cm。

2. 茎：茎四棱、横展、匍匐状，低矮粗壮，丛生而铺覆地面。

3. 叶：叶对生，有短柄，长圆形、卵圆形或披针状三角形，边缘具缺刻状粗齿或整齐的圆钝锯齿。

4. 花序和花：花序顶生或腋生，多数小花密集排列呈伞房状。花萼细长筒状，花冠漏斗状，花色多，有白、粉红、深红、紫、蓝等不同颜色，略具芬芳。

5. 果实：蒴果。

〖类型及品种〗品种丰富，有各种花色、类型：

1. 匍匐型：株高 30 cm，株幅 60 cm，花色各异，适用于种植钵。

2. 矮生型：直立，株高 20 cm，适宜花坛使用。

〖观赏期〗花期 6—9 月。

〖园林用途〗株丛矮密，花繁色艳，花期长，是优良的花坛、花境、种植钵和边缘花卉材料，也可大面积栽植于园林隙地、树坛中。矮生品种适合盆栽观赏。

【小知识】

美女樱，花如其名，确实是花中“美人”。它的花色丰富，妍丽讨喜。花儿总是簇拥成团，紧紧地抱在一起，就像相知相守的一家人，因此美女樱的花语是“相守”“家庭和睦”。

六、旱金莲 *Tropaeolum majus*（见图 1—32）

〖别名〗旱荷、旱莲花、金钱莲。

〖科属〗金莲花科旱金莲属。

〖产地及分布〗原产于南美，现世界各地均有栽培。

图 1—32　旱金莲

〖识别要点〗

1. 株形株高：多年生蔓性草本，长可达 1 m。

2. 茎：茎蔓生，光滑，稍肉质，中空，淡灰绿色。

3. 叶：叶互生，具长柄，近圆形，叶缘波状，盾状着生，叶被腊质层，形似小莲叶。

4. 花序和花：花单生叶腋，花梗细长；5 枚萼片中的 1 枚向后延伸成距；花 5 瓣，具爪，基部联合呈筒状，有乳白、浅黄、橘红、深红、橙红、紫红及红棕等深浅不一的花色。

5. 果实：果实淡白绿色，表面多纵行沟纹，果实成熟时分裂成 3 个小核果，种子肾脏形，黄褐色。

〖类型及品种〗有重瓣、无距、具深色网纹及斑点等品种。主要有两个变种：

1. 矮旱金莲（var.*nanum*）：植株低矮，株高 30 cm 左右，茎直立，多作花坛、花径的镶边材料。

2. 重瓣旱金莲（var.*burpeei*）：花重瓣。

〖观赏期〗花期 7—9 月。

〖园林用途〗蔓茎缠绕，叶形如碗莲，花朵盛开时如群蝶飞舞，是一种重要的夏季观赏花卉。露地栽培时，可用于布置花坛、花境或植于栅栏旁、假山石旁；盆栽可以装饰阳台、窗台，或置于室内书桌、几架上观赏；也可作地被植物或切花材料。可作温室花卉栽培。

【小知识】

旱金莲花被称为“塞外龙井”，口感清爽，具有清热解毒、滋阴降火、养阴清热和消火杀菌的作用，长期饮用可清咽润喉、嗓音清亮。民间有“宁品三朵花，不饮二两茶”的说法。旱金莲花有一定的药性，在冲泡饮用时，用量不可过多。

七、毛地黄 *Digitalis purpurea*（见图 1—33）

〖别名〗自由钟、洋地黄、指顶花、吊钟花。

〖科属〗玄参科毛地黄属。

〖产地及分布〗原产于欧洲中部或南部，现分布于欧洲西部，我国各地也均有栽培。

图 1—33　毛地黄

〖识别要点〗

1. 株形株高：多年生作二年生栽培，株高 60～120 cm。除花冠外，全株被灰白色短柔毛和腺毛。

2. 茎：植株高大，茎直立，少分枝。

3. 叶：叶由下至上渐小，基生呈莲座状；叶片卵圆形或卵状披针形，粗糙、皱缩，叶缘具带短尖的圆齿，叶柄具狭翅。

4. 花序和花：花排成顶生、朝向一侧的总状花序，花序长 50～80 cm；花萼钟状，长约 1 cm，5 裂几达基部；花冠倾斜一面，膨大成钟形，长约 7.5 cm，蜡紫红色，内面有浅白斑点；裂片很短，先端被白色柔毛。

5. 果实：蒴果，卵形，种子短棒状。果期 7—8 月。

〖类型及品种〗园艺变种有：

1. 大花种（var.*gloxiniaeflora*）：植株粗壮，花序较长，花较大，斑点密布。

2. 顶钟种（var.*campanulata*）：花序顶部数小花连成一钟形大花。

3. 重瓣种（var.*monstrosa*）：花重瓣。

4. 白花种（var.*alba*）：花白色。此外，还有黄花种、红花种等。

同属植物约有 25 种。园林中常见栽培种有黄花毛地黄（*D.grandiflora*）、锈点毛地黄（*D.ferruginea*）、希腊毛地黄（*D.lanata*）等。

〖观赏期〗花期 4—6 月。

〖园林用途〗花茎挺拔，花冠别致，花大色艳，为优良的竖线条花卉，丛植更为壮观。可应用在花境、花坛、岩石园中，最适合作花境背景和在花坛中心配植，或作树坛、隙地背景栽植。如在温室中促成栽培，可在早春开花。可作切花。

八、彩叶草 *Coleus blumei*（见图 1—34）

〖别名〗锦紫苏、五彩苏、洋紫苏、老来少、五色草。

〖科属〗唇形科鞘蕊花属。

〖产地及分布〗原产于亚热带地区和印度尼西亚，现世界各国广泛栽培。

〖识别要点〗

1. 株形株高：多年生草本，多作一二年生栽培，株高 30～80 cm。

2. 茎：全株具柔毛，茎四棱形，基部木质化。

3. 叶：单叶对生，卵圆形，先端渐尖，缘具钝齿牙，叶面绿色，有淡黄、桃红、朱红、紫等色彩鲜艳的斑纹。

4. 花序和花：顶生总状花序，具浅蓝色或浅紫色小花，花期 8—9 月。

图 1—34　彩叶草

5. 果实：小坚果，平滑有光泽。

〖类型及品种〗园艺品种多，主要有：

1. 大叶型：具大型卵圆形叶，植株高大，分枝少，叶面凹凸不平。

2. 彩叶型：叶小，长椭圆形，先端尖，叶面平滑。叶色美丽，有红、橙红、黄绿、白底绿斑等色，有的品种色彩斑斓，常有 2～3 种颜色并富于变化。

3. 皱边型：叶缘有裂并且有波皱，叶缘裂与波纹的变化很大，叶色也很丰富，苗期生长缓慢，特别适合盆栽。

4. 柳叶型：叶细长，柳叶状，叶缘具不规则的缺裂和锯齿，叶形奇特，叶色变化较小。

5. 黄绿叶型：叶小，黄绿色，抗日晒，植株矮，多分枝，幼苗生长缓慢，是优良的毛毡花坛栽培材料。

此外还有低矮性品种，其植株矮小，基部多分枝，株形紧密，叶狭长，适合作吊盆栽培。

同属观赏价值较高的品种还有小纹草（*C.pumilus*）和丛生彩叶草（*C.thyrsoideus*）。

〖观赏期〗主要观叶，室内盆栽可长期观赏，露地栽植视当地生长期而定，观赏期一般 4—10 月。

〖园林用途〗色彩鲜艳、品种甚多，繁殖容易，为应用较广的观叶花卉。纯色常用于花坛配色或会场、剧院布置图案；复色和叶形奇特品种常用于盆栽，置于茶几和窗台等处观赏，还可作为花篮、花束的配叶使用。

九、五色苋 *Alternanthera bettzickiana*（见图 1—35）

〖别名〗锦绣苋、模样苋、红绿草。

〖科属〗苋科虾钳菜属。

〖产地及分布〗原产于南美热带、亚热带地区，我国南北方园林均有种植。

图 1—35　五色苋

〖识别要点〗

1. 株形株高：匍匐多年生草本。

2. 茎：分枝多呈密丛状。

3. 叶：单叶对生，叶纤细，披针形或阔披针形，常具彩斑或色晕，叶柄短，基部下延。

4. 花序和花：头状花序着生于叶腋，花白色。花期 12 月至翌年 2 月。

5. 果实：胞果，含 1 粒种子，北方通常不结种子。

〖类型及品种〗常见品种主要有：

1. 小叶绿：茎斜出，叶狭，叶嫩绿色或具黄斑。

2. 小叶黑：茎直立，叶片三角状卵形，叶茶褐色至绿褐色。

3. 小叶红：茎平卧，叶狭，基部下延，叶暗紫红色。

〖观赏期〗观赏绿叶或褐红色叶，观赏期 5—10 月。

〖园林用途〗植株低矮，分枝性强，极耐低修剪，最适用于模纹花坛。不同的色彩可配植成各种花纹、图案、文字等平面或立体的形象。也可用于花坛和花境边缘及岩石园。

【小知识】

五色苋花坛使用各种时令草花、盆花以及修剪整齐的小灌木与五色苋彼此交融，创造出风格独特、造型别致、色彩明快、形象动人的可视、可触的园艺造型，借以反映社会生活、表达艺术家的情感，综合展示高水平的园艺技术和园艺艺术。特别是五色苋立体花坛，被称为城市鲜活的绿色雕塑，是城市园林绿化中不可缺少的内容。

十、大花霍香蓟 *Ageratum houstonianum*（见图 1—36）

〖别名〗心叶霍香蓟、何氏霍香蓟、熊耳草。

〖科属〗菊科藿香蓟属。

〖产地及分布〗原产于秘鲁、墨西哥，现我国广泛栽培，也有野生分布。

图 1—36　大花藿香蓟

〖识别要点〗

1. 株形株高：多年生作一年生栽培，株高 15～30 cm。

2. 茎：茎基部多分枝，株丛紧密，上部多分枝，植株被白色柔毛。

3. 叶：叶对生，卵圆形，基部心形，表面有褶皱，具绒毛。

4. 花序和花：头状花序聚伞状着生于枝顶，花序缨珞状，盛花时覆盖枝叶，花质感细腻柔软，花序较大，花色淡雅，从初夏至晚秋开花不断。

5. 果实：瘦果，浅黑色，细小，有短刺芒。

〖类型及品种〗有蓝、浅蓝、雪青、粉红和白等花色品种，还有斑叶变种。矮生品种株高 15 cm。

园林中可见同属花卉有藿香蓟（*A.conyzoides*）：多年生作一年生栽培，花较小，雪青色（也有蓝紫色、粉色品种）；叶卵状，叶基平。

〖观赏期〗花期 7 月至霜降。

〖园林用途〗花朵繁多，色彩淡雅，株丛有良好的覆盖效果。可种植于花坛、花境、花丛、花群、花带、林缘或小径沿边，还可用于岩石园和盆栽。高生种可以作切花。

【小思考】

大花霍香蓟有黄色系列的花吗？菊科常见的草花中有哪些种没有黄色系列的花？

十一、香雪球 *Lobularia maritima*（见图 1—37）

〖别名〗小白花、玉蝶球、庭荠。

〖科属〗十字花科香雪球属。

〖产地及分布〗原产于地中海地区及加那利群岛，现世界各地均有栽培。

图 1—37 香雪球

〖识别要点〗

1. 株形株高：多年生作一二年生栽培，株高 15～25 cm。
2. 茎：植株矮小，茎叶纤细。

3. 叶：叶披针形，互生，全缘，分枝多，匍匐生长，被灰白色毛。

4. 花序和花：总状花序顶生，着花繁密成球形，有白、淡紫、深紫、浅黄、紫红等色，微香。

5. 果实：短角果，椭圆形，每室 1 粒种子。

〖类型及品种〗有许多园艺品种：有叶缘为白色或淡黄色斑叶的品种，有株高在 10 cm 以内的矮生品种，有紫花品种，有四倍体大花品种。

〖观赏期〗春、秋季。

〖园林用途〗植株低矮匐地，盛花时晶莹洁白，花质细腻，幽香宜人。香雪球是优美的岩石园花卉，也是花坛尤其是模纹花坛及花坛镶边、花境边缘布置的优秀花卉。可作小面积地被，也可盆栽观赏。

十二、石竹类 *Dianthus* spp.

〖科属〗石竹科石竹属。

〖产地及分布〗原产于我国东北、华北、长江流域及东南亚地区，分布广泛，且也有从欧洲引入的品种。

〖识别要点〗

1. 株形株高：株高 20～50 cm。根有时木质化。

2. 茎：茎多丛生，圆柱形或具棱，有关节，节处膨大。

3. 叶：叶对生，叶片线形或披针形，常苍白色，脉平行，边缘粗糙，基部微合生。

4. 花序和花：花红色、粉红色、紫色或白色，单生或成聚伞花序，有时簇生成头状，围以总苞片；花萼圆筒状，5 齿裂；花瓣 5，具长爪，瓣片边缘具齿或隧状细裂，稀全缘。

5. 果实：蒴果，圆筒形或长圆形，稀卵球形，顶端 4 齿裂或瓣裂；种子多数。

〖类型及品种〗同属植物有 300 种，多为宿根，有少量一二年生花卉。我国约有 14 种。园林中常见栽培种有：

1. 石竹（D.*chinensis*）：别名中国石竹、洛阳花。株高 30～50 cm。茎直立簇生，有节，多分枝。叶对生，条形或线状披针形，绿色或灰绿色。花萼筒圆形，花单朵或数朵簇生于茎顶，形成聚伞花序，花序直径 3～4 cm。花瓣 5 枚或重瓣，先端锯齿状，花瓣正面中下部组成美丽环纹，微具香气。花色有紫红色、大红色、粉红色、纯白色、红色、杂色等。蒴果矩圆形或长圆形，种子扁圆形，黑褐色。如图 1—38 所示。

2. 锦团石竹（D.*chinensis* var. ***heddewigii***）：别名繁花石竹。植株低矮，株高 20～30 cm。茎叶被白粉，呈蓝绿色。花大，直径 4～6 cm，重瓣性强，先端齿裂或羽裂，色彩变化丰富。如图 1—39 所示。

图 1—38　石竹

3. 须苞石竹（D.*barbatus*）：别名五彩石竹、美国石竹。株高 40～50 cm，茎直立、光滑、粗壮，微有细棱，分枝少；叶较宽，中脉明显；花小而多，密集成聚伞花序，花序直径达 10 cm 以上，花苞片先端须状。花色丰富，有白色系、红色系及复色，稍有香气。如图 1—40 所示。

另外，还有矮石竹、羽瓣石竹、石竹梅等。

图 1—39　锦团石竹

图 1—40　须苞石竹

〖观赏期〗春、夏季。

〖园林用途〗花朵繁密，花色丰富，色泽艳丽，观赏期长。叶似竹叶，青翠，柔中带刚。用于花坛、花境、花台和镶边布置，也可用于布置岩石园。高茎类花茎挺拔，水养持久，是优良的切花；矮茎类可盆栽观赏。

【小知识】

石竹花是母亲节的专用花，其花语是“母亲的爱，纯洁的爱”。有些国家还规定“母

亲节”这一天，母亲健在的人要佩戴红石竹花，母亲已去世的人要佩戴白石竹花。母亲节送给母亲的康乃馨，又叫香石竹，就是石竹花的一种。

思考与练习

1. 什么是一二年生花卉？种植一二年生花卉有哪些优势和不足？
2. 一二年生花卉的园林应用特点有哪些？
3. 多年生作一二年栽培的花卉有哪些代表花卉？
4. 列举十种一二年生花卉，说明它们的主要识别特点和园林用途。

实训一　常见一二年生花卉的识别

一、实训目的与要求

通过学习一二年生花卉基本知识，了解常见一二年生花卉的科属、种类，掌握一二年生花卉的主要识别特征和最佳观赏期，正确识别园林栽培中常见的一二年生花卉，并了解其在园林中的应用，为花卉栽培、设计、配植及应用提供一定的理论和实践基础。

二、实训材料与用具

1. 材料：常见一二年生花卉。
2. 用具：直尺、卡尺、卷尺、铅笔、笔记本。

三、实训内容

1. 观察一二年生花卉植株的叶形（叶片形状、大小、叶尖、叶基、叶裂等）、叶色（正反两面）、株形、分枝状况和枝条类型等。

2. 观察并记录所识别的花卉花序类型、花序轴的长度等内容。

3. 识别并描述不同种一二年生花卉的花形、瓣形、花瓣数、色泽、花器官的着生状态、花径大小、是否重瓣及重瓣数、花茎长度、花器官的完整性、花萼等内容。

四、实训作业

1. 教师随机抽取 20 种一二年生花卉，要求学生准确识别。（40 分）
2. 将 20 种花卉的名称、科属、园林用途等记录在表格中。（60 分）

<table>
<tr><th rowspan="2">序号</th><th rowspan="2">名称</th><th rowspan="2">科属</th><th colspan="3">叶</th><th colspan="4">花</th><th rowspan="2">株高与分枝</th><th rowspan="2">园林用途</th></tr>
<tr><th>叶片形状</th><th>叶尖、叶基</th><th>叶裂</th><th>花径</th><th>花瓣</th><th>花序</th><th>花色</th></tr>
<tr><td></td><td></td><td></td><td></td><td></td><td></td><td></td><td></td><td></td><td></td><td></td><td></td></tr>
<tr><td></td><td></td><td></td><td></td><td></td><td></td><td></td><td></td><td></td><td></td><td></td><td></td></tr>
</table>

实训二　常见一二年生花卉种子形态的识别

一、实训目的与要求

通过学习，掌握从外部形态识别常见花卉种子的方法，为鉴别种子优劣以及进行种子清洗、分级、包装和检验提供重要依据。

二、实训材料与用具

1. 材料：常见一二年生花卉种子。
2. 工具：托盘天平、放大镜、铅笔、橡皮、直尺、游标卡尺、白板纸等。

三、实训内容

1. 种子形态观察：肉眼或借助放大镜观察选取的花卉种子的外部形态，并对相似的种子进行比较。

2. 绘制并描述每一类花卉种子的外观特征，包括种子大小、形状、色泽及其他识别特征，并记录在表格中。

<table>
<tr><th rowspan="2">序号</th><th rowspan="2">花卉名称</th><th rowspan="2">千粒重</th><th colspan="5">种子外部形态</th><th rowspan="2">备注</th></tr>
<tr><th>大小</th><th>形状</th><th>色泽</th><th>质地</th><th>附属物</th></tr>
<tr><td></td><td></td><td></td><td></td><td></td><td></td><td></td><td></td><td></td></tr>
<tr><td></td><td></td><td></td><td></td><td></td><td></td><td></td><td></td><td></td></tr>
<tr><td></td><td></td><td></td><td></td><td></td><td></td><td></td><td></td><td></td></tr>
<tr><td></td><td></td><td></td><td></td><td></td><td></td><td></td><td></td><td></td></tr>
<tr><td></td><td></td><td></td><td></td><td></td><td></td><td></td><td></td><td></td></tr>
</table>

第二章

宿根花卉识别

第一节
宿根花卉基础知识

一、宿根花卉的概念

宿根花卉是指个体寿命可超过两年，栽种一次能多年开花，地下根系形态正常，冬季地上部分枯死，靠宿存根系及地面芽或地下芽越冬，翌年春季再度萌发的花卉。

二、宿根花卉的识别要点

1. 宿根花卉多为丛生状，株丛的高度、生长类型、生长势等外观特征是整体观感的基础。

2. 由于宿根花卉的花期相对集中，季节性强，而其叶部特征是相对长期存在的识别特征，因此叶片的着生方式、形状、大小、颜色等要细致观察。

3. 花部特征是重要的识别点，多为主要观赏特征。花序类型、花色等特征相对突出，易于记忆，此外也可结合花期记忆。

4. 宿根花卉的根系较强大，要观察其地下分枝特点，如颜色、粗细、质感、地下芽分生点等特征。

三、宿根花卉的分类

1. 根据耐寒能力或应用区域分类

（1）耐寒性宿根花卉。主要指原产于温带寒冷地区的一些花卉种类，如芍药、荷包牡丹、大花萱草、桔梗等。冬季地上茎、叶全部枯死，地下部分进入休眠状态。其中大多数种类耐寒性强，在我国大部分地区可露地越冬，春天再萌发。耐寒能力强弱因种类而有所区别。

（2）常绿性宿根花卉。主要指原产于热带、亚热带或温带暖地的一些花卉种类，如麦冬、常夏石竹、冷水花等。冬季茎、叶仍为绿色，但温度低时停止生长，呈半休眠状态，温度适宜时则休眠不明显，或只是生长稍停顿。耐寒性弱，在北方寒冷地区不能露地越冬。

2. 按主要观赏期或开花期分类

（1）春季宿根花卉。主要观赏期或开花期在 3—5 月，抗寒性强，不耐酷暑，部分种类夏季半休眠。如荷包牡丹、鸢尾、芍药、马蔺等。

（2）夏季宿根花卉。主要观赏期或开花期在 6—8 月，喜湿，耐热能力强，在南方地区部分种类可四季应用。如长药景天、千屈菜、萱草等。

（3）秋季宿根花卉。主要观赏期或开花期在 9—11 月，喜光照充足，多为短日照花卉，有一定的耐寒能力。如荷兰菊、地被菊等。

第二节

常见宿根花卉识别

一、菊花 *Dendranthema morifolium*（见图 2—1）

〖别名〗九华、金英、黄华、秋菊、寿客、节华。

〖科属〗菊科菊属。

〖产地及分布〗原产于我国，有近 3 千年的栽培历史，现世界各地广泛栽培。

图 2—1 菊花

〖识别要点〗

1. 株形株高：多年生草本，株高 20～200 cm，常见株高 30～90 cm。

2. 茎：嫩绿或褐色，茎直立或开展，多分枝，茎基部木质化，小枝具短柔毛。

3. 叶：单叶互生，卵圆形至披针形，羽状浅裂或深裂，叶缘有粗锯齿，叶背有毛。

4. 花序和花：头状花序顶生或腋生，一朵或数朵簇生。舌状花为雌花，筒状花为两性花。舌状花分为平、匙、管、畸四类，色彩丰富，有红、黄、白、墨、紫、绿、橙、粉、棕、雪青、淡绿等色。花序大小和形状各有不同，有单瓣和重瓣、扁形和球形、长絮和短絮、平絮和卷絮、空心和实心、挺直和下垂等，式样繁多，品种复杂。

5. 果实：瘦果，栽培品种极少结实。

〖类型及品种〗根据花期可分为早菊花（9 月开放），秋菊花（10—11 月），晚菊花（12 月至元月），以及八月菊、五月菊等。根据花径大小分类，花径在 10 cm 以上的为大菊；花径在 6～10 cm 的为中菊，花径在 6 cm 以下的为小菊。根据瓣形可分为平瓣、管瓣、匙瓣三大类十多个小类。

〖观赏期〗花期多为秋、冬季，8—12 月。

〖园林用途〗品种繁多，色彩丰富，花形多变。露地栽培可配植在园林的花坛、花境或假山上。或为盆栽观赏，可制作成盆花、盆景、大立菊、悬崖菊、塔菊、树菊、扎菊等。作切花可制作花篮、花圈或瓶插。有些小菊可作为“开花地被”使用。

【小知识】

菊花位列我国十大名花之三，是花中四君子（梅、兰、竹、菊）之一，也是世界四大切花（菊花、月季、康乃馨、唐菖蒲）之一，且产量居首。中国古代文人喜欢赋予菊花清寒傲雪的品格，因此有陶渊明的“采菊东篱下，悠然见南山”的名句。我国有重阳节赏菊和饮菊花酒的习俗。

二、芍药 *Paeonia lactiflora*（见图 2—2）

〖别名〗将离、离草、婪尾春、白芍、没骨花、殿春花。

〖科属〗芍药科芍药属。

〖产地及分布〗原产于我国北部、日本及西伯利亚地区，现世界各地广泛栽培。

〖识别要点〗

1. 株形株高：地下部有粗大根丛，根肉质。秋季在根颈处产生新芽，春季抽出地面，初出时茎、叶均呈红色或褐绿色。株高 40～100 cm。

2. 茎：地下茎产生新芽，新芽于早春抽出地面，茎丛生。

图 2—2　芍药

3. 叶：初出叶红色，茎基部常有鳞片状变形叶，中部复叶二回三出，小叶三深裂，椭圆形或披针形，枝梢渐小或成单叶。

4. 花序和花：花大且美，有芳香。花一至数朵着生枝顶或生于叶腋，有长梗及叶状苞片。花朵分单瓣和重瓣，另外又有多种花形。花有粉红、紫红、白、黄等色。

5. 果实：蓇葖果，种子多数，黑色，有光泽。

〖类型及品种〗常见品种有杨妃吐艳、铁线紫、观音面、冰容、金玉交辉、莲香白、胭脂点玉、紫金观、大富贵、大红赤金、大红袍、大地皆春、山河红等。

〖观赏期〗花期 5—6 月。

〖园林用途〗兼具色、香、韵的特点，观赏价值极高，用于布置专类园、花境、花丛、花群等。除地栽外，还可作盆栽和切花材料。花开之日，采摘数朵插在瓶内水养，香气宜人。

【小知识】

芍药在我国的栽培历史超过 4 900 年，是我国栽培最早的花卉。古人将芍药推为“花相”（花中宰相），将其位列于草本之首，且列其为中国六大名花（梅、兰、菊、荷、牡丹、芍药）之一。芍药又被称为“五月花神”，因自古就作为爱情之花，所以，现在被尊为七夕节的代表花卉。

三、鸢尾 *Iris tectorum*（见图 2—3）

〖别名〗蓝蝴蝶、铁扁担。

〖科属〗鸢尾科鸢尾属。

〖产地及分布〗主要分布在温带地区的我国中部、日本、法国等。

图 2—3　鸢尾

〖识别要点〗

1. 株形株高：丛生状，株高 25～60 cm。

2. 茎：地下具根状茎，粗壮。

3. 叶：叶片剑形，基部重叠，互抱成两列，多革质。

4. 花序和花：花梗从叶丛中抽出，单一或二分枝，高于叶，着花 1～4 朵。花瓣 3 枚，外围的 3 片为瓣状萼片，长得酷似花瓣；另外，部分品种的花心还生有 3 枚细长花瓣，是雌蕊瓣化；鸢尾的“花瓣”一半向上翘起，一半向下翻卷。花有蓝、紫、黄、白等色。

5. 果实：蒴果，长圆柱形，具 6 棱，种子棕褐色。

〖类型及品种〗主要有香根鸢尾、德国鸢尾、黄鸢尾、蓝宝石、蓝帆、爱蓝、蓝魔、布拉奥、理想之花等。

〖观赏期〗花期 4—6 月。

〖园林用途〗花大而美丽，如鸢似蝶，叶片青翠碧绿，似剑若带，观赏价值较高。在园林中可用于布置花境、花丛，花坛镶边，或栽植于水湿畦地、池边湖畔、石间路旁，或布置成专类园等，也可盆栽观赏或作切花及地被植物。

【小知识】

鸢尾花主要色彩为蓝紫色，有“蓝色妖姬”的美誉，在我国常用于象征爱情和友谊。在爱情里，鸢尾花代表恋爱使者，其花语是“长久思念”。

四、芙蓉葵 *Hibiscus moscheutos*（见图 2—4）

〖别名〗秋葵、黄秋葵、羊角豆、咖啡黄葵、毛茄草芙蓉、大花秋葵。

〖科属〗锦葵科木槿属。

〖产地及分布〗原产于北美，现我国华北、东北南部、西北地区部分栽种。

图 2—4 芙蓉葵

〖识别要点〗

1. 株形株高：基部丛生，亚灌木状，株高 60～150 cm。

2. 茎：茎直立，粗壮，光滑，具白粉。

3. 叶：单叶互生，叶背及叶柄密生灰色星状毛，叶片外缘 3 浅裂或全缘，叶基部圆形，缘具疏齿。

4. 花序和花：总状花序，花大，单生上部叶腋，花径 25 cm 左右。花瓣 5 枚，阔倒卵形，花色以红色、白色、粉色为多；花丝细长，基部联合成雄蕊柱并与花瓣基部合生；雌蕊柱伸出，花萼宿存。

5. 果实：蒴果，瓣裂，种子球形，褐色。

〖类型及品种〗主要有玫瑰红、素心、粉衣等品种。

〖观赏期〗花期 7—10 月。

〖园林用途〗花朵硕大，花色鲜艳美丽。植株耐高温湿热的能力强，管理简单。园林绿化中可用大型容器组合栽植，或地栽布置花坛、花境、公路绿化带。可作温室花卉栽培。

【小知识】

芙蓉葵早上花的颜色是白色或粉红色，到了午后就会变成大红色。在短短的时间内颜色能有如此变化的花的确不常见。

五、大花萱草 *Hemerocallis middendorffii*（见图 2—5）

〖别名〗大花金针菜。

〖科属〗百合科萱草属。

〖产地及分布〗原产于西伯利亚，现广泛栽培于欧美、亚太地区。

图 2—5　大花萱草

〖识别要点〗

1. 株形株高：花莛直立，丛生，株高 20～110 cm。

2. 茎：地上花茎直立高出叶片，地下根状茎粗短，肉质。

3. 叶：叶基生，成簇生长，披针形至带状，排成 2 列状。

4. 花序和花：圆锥花序，花茎上方有分枝，小花 2～4 朵，有芳香，花大，具短梗和大型三角状苞片。花冠阔漏斗形，花径 8～12 cm，边缘波状，盛开时裂片反曲，花色有黄色、橘红色等。

5. 果实：9—10 月成熟，蒴果，钝三角形，熟时自动干裂，种子黑色有光泽。

〖类型及品种〗主要品种有紫绿绒、橙焰、玫红、朱槿、夏芙蓉、香妃等。

〖观赏期〗花期 7—8 月。

〖园林用途〗花色鲜艳。对碱性土具有特别的耐性，是油田及滩涂地带不可多得的绿化材料。可用来布置各式花坛、花境、公路隔离带、疏林草坡等，也可利用其矮生特性作地被植物，还可庭院丛植、盆栽摆景等。

【小知识】

大花萱草花径变化大，花形各异，除蓝色和纯白色以外其余花色均有栽培品种。大花萱草有些花形与百合相似，但千万不可用大花萱草代替百合作新娘捧花的花材。因其大多数品种的花只开一天，有“一日之花”的称呼。

六、宿根福禄考 *Phlox paniculata*（见图 2—6）

〖别名〗天蓝绣球、锥花福禄考、夏福禄、草夹竹桃。

〖科属〗花荵科福禄考属。

〖产地及分布〗原产于北美洲南部，现广泛栽培，是欧美夏季花坛的主要花卉。

图 2—6　宿根福禄考

〖识别要点〗

1. 株形株高：根茎呈半木质化，多须根，株高 60～120 cm。

2. 茎：茎粗壮直立，光滑或上部有柔毛，通常不分枝。

3. 叶：单叶呈十字状对生，茎上部叶常三叶轮生。质薄，长圆状披针形，被腺毛，初生叶褐绿色。

4. 花序和花：塔形圆锥花序顶生，花冠呈高脚碟状，先端5裂，花冠显著回旋，喉部紧缩成细筒，花径2～3 cm，花有粉红、蓝、白等色。

5. 果实：蒴果，顶裂。

〖类型及品种〗园艺品种可按花期分为早花系、中花系和晚花系三类，每系中均有丰富的色彩；从花序外形又可分为伞形花序、圆锥花序和球形花序。

〖观赏期〗花期6—9月。

〖园林用途〗开花植物中较少的夏季开花花卉，可用来布置花坛、花境，也可点缀于草坪、庭院花坛中，还可作盆栽及切花之用。

【小知识】

福禄考这个名字是根据它的英文名Phlox音译过来的，并没有特殊的意义。它的花和叶子与长春花有点相似，要注意加以区别。

七、荷包牡丹 *Dicentra spectabilis*（见图2—7）

〖别名〗荷包花、兔儿牡丹。

〖科属〗罂粟科荷包牡丹属。

图2—7 荷包牡丹

〖产地及分布〗原产于我国北部，现日本、俄罗斯西伯利亚也有分布，我国东北、西北、华北及云南均有栽培。

〖识别要点〗

1. 株形株高：株形疏散，拱垂。株高 40～60 cm。

2. 茎：茎直立，中空，质柔软，地下茎水平生长，稍肉质。

3. 叶：叶对生，二回三出羽状复叶，状似牡丹叶，叶面具白粉，叶质柔软，叶柄长，中空。

4. 花序和花：花序顶生或与叶对生，排成拱垂总状花序，花瓣 4 枚交叉排成内外两轮，外轮基部膨大合生呈心形，花形似荷包。花色有粉红色、白色等。

5. 果实：蒴果，长角形，种子细长，有冠毛。

〖类型及品种〗有东方类型、日本类型、北美品种等。

〖观赏期〗花期 4—6 月。

〖园林用途〗叶丛美丽，花朵玲珑，形似荷包，色彩绚丽，宜用来布置花境、花坛，也可作盆栽和切花。在草地边缘湿润处丛植，景观效果极好。

八、玉簪 *Hosta plantaginea*（见图 2—8）

〖别名〗白玉簪、玉春棒、白鹤花、玉泡花。

〖科属〗百合科玉簪属。

〖产地及分布〗原产于中国和日本，现我国各地均有栽培。

图 2—8 玉簪

〖识别要点〗

1. 株形株高：株丛低矮，浑圆。株高 40～60 cm。

2. 茎：花茎高出叶丛，地下茎粗大，须根多。

3. 叶：叶基生，簇状，具长柄，叶片卵形至心状卵形，弧状平行脉，端尖，基部心形。

4. 花序和花：顶生总状花序，高出叶面，花被筒长 13 cm，下部细小，形似簪，白色或紫色，具芳香。

5. 果实：蒴果，圆柱形，成熟时 3 裂，种子扁平、黑色，外缘有膜质翅。

〖类型及品种〗主要品种有波边玉、白边、‘法兰西’、‘圣诞前夜’等，相近种有紫萼玉簪、狭叶玉簪、花叶簪等。

〖观赏期〗花期 6—9 月。

〖园林用途〗碧叶莹润，清秀挺拔，花色如玉，幽香四溢。用于树荫下地被栽培，花境，庭院、墙边基础绿化等。适合盆栽。

【小知识】

玉簪因其花苞质地娇莹如玉、状似头簪而得名，是中国著名的传统香花。其花夜间开放，芳香浓郁，是夜花园中不可缺少的花卉。

九、地被菊 *Chrysanthemum hybrid*（见图 2—9）

〖别名〗岩菊、寒菊。

〖科属〗菊科茼蒿属。

图 2—9　地被菊

〖产地及分布〗原产于我国，现分布我国华北及东北地区。

〖识别要点〗

1. 株形株高：多年生草本，株形矮壮、花朵紧密、自然成型。分枝能力较强，没有明显的主茎，整个植株多呈圆球形。株高 30～40 cm。

2. 茎：茎直立或匍匐，分枝多，上部绿色附白色茸毛，基部木质化。

3. 叶：单叶互生，叶片呈卵圆形或长圆形，边缘有缺刻或锯齿，基部心形，叶片上具毛。

4. 花序和花：头状花序，花径 3.5～9 cm，多数品种花为重瓣。有红、深红、褐红、紫红、枣红、橙红、玫瑰红，黄、金黄、褐黄、乳黄，粉边黄心、白色黄心、黄色白心，粉、深粉，紫、粉紫，乳白、纯白，茶褐等花色。6、7 月形成花蕾，陆续开花至 10 月中下旬。

5. 果实：瘦果，黑色。

〖类型及品种〗主要品种有矮美粉、乳荷、玉人面、菊安早黄、北林红、早红、醉西施、金不换等。

〖观赏期〗花期 9—10 月。

〖园林用途〗枝叶繁茂，冠形丰满，适应性强，观赏价值高，最适合在广场、街道、公园等各类园林绿地中作地被植物，发挥群体之美，组成大色块。也可盆栽观赏。

【小知识】

地被菊是陈俊愉院士等专家利用我国优良野生种质资源，经过多年努力，培育而成的非常适宜园林应用的菊花新品种群。它植株低矮、株形紧凑，花色丰富，花朵繁多，而且具有抗寒（可在“三北”各地露地越冬）、抗旱、耐盐碱、耐半阴、抗污染、抗病虫害、耐粗放管理等优点，被誉为“骆驼式”花卉。

十、耧斗菜 *Aquilegia vulgaris*（见图 2—10）

〖别名〗西洋耧斗菜、漏斗菜、血见愁、猫爪花。

〖科属〗毛茛科耧斗菜属。

〖产地及分布〗原产于欧洲及我国东北、华北、西北地区，现世界各地广泛栽培。

〖识别要点〗

1. 株形株高：多年生草本，株形疏松直立，质感轻盈。株高 40～80 cm。

2. 茎：茎直立，上部分枝多，光滑。

3. 叶：2～3 回羽状复叶互生，小叶深裂，菱状倒卵形或宽菱形，边缘有圆齿，上面无毛，下面疏被短柔毛；茎生叶较小。

4. 花序和花：花顶生，5 基数，花形奇特，色彩丰富。萼片花瓣状，花瓣基部成长距，直生或弯曲，伸向后方，距颜色与花萼相同。

图 2—10　耧斗菜

5. 果实：蓇葖果，深褐色，被茸毛。

〖类型及品种〗园艺品种多。主要变种有大花、白花、重瓣、斑叶等；也有一些杂交品种，具有不同的花色，如红、粉、白、淡黄、蓝、紫等色。

〖观赏期〗花期 5—6 月。

〖园林用途〗植株高矮适中，叶形别致，花形奇特，是布置花坛、花境的好材料。可丛植、片植在岩石园、山水园、林缘或疏林下；也可在风景区山地草坡种植，形成美丽的自然景观，表现群体美。花枝可供切花用。也可作温室花卉栽培。

【小思考】

耧斗菜明明是美丽的花，为什么要叫“菜”呢？

十一、银叶菊 *Senecio cineraria*（见图 2—11）

〖别名〗雪叶菊、雪叶莲、白布菊、白妙菊。

〖科属〗菊科千里光属。

〖产地及分布〗原产于南欧，较耐寒，在我国长江流域能露地越冬。

〖识别要点〗

1. 株形株高：多年生草本作一年生栽培，全株被白色绒毛。株高 30 ~ 70 cm。

2. 茎：茎直立，上部分枝多，茎秆上附有白色茸毛，茎基部木质化。

3. 叶：单叶互生，叶质厚，1 ~ 2 回羽状深裂，银灰色，正反面均被银白色柔毛。

图 2—11　银叶菊

4. 花序和花：头状花序呈紧密的伞房状，顶生，花小，黄色。

5. 果实：瘦果，褐色。

〖类型及品种〗常见的栽培品种有‘细裂银叶菊’（‘Silver Dust’）：叶质较薄，叶裂图案如雪花，观赏价值更高。

〖观赏期〗以观叶为主，整个生长季节都可观赏。花期 6—9 月。

〖园林用途〗全株覆盖白毛，犹如盖着一层白雪，是花坛中难得的银色色调，与其他色彩的纯色花卉配植，效果极佳，是重要的花坛观叶植物。宜作花坛基础材料，可用于花境模纹、盆栽布景等。可作温室花卉栽培。

【小知识】

银叶菊的分枝能力强，在旺盛生长期，短短数周就能形成一定规模。所以，这种丛生状的银叶菊的花语是——“收获”。

十二、千叶蓍 *Achillea millefolium*（见图 2—12）

〖别名〗欧蓍草、西洋蓍草、锯叶蓍草、蓍。

〖科属〗菊科蓍草属。

〖产地及分布〗分布于欧、亚与北美。我国西北、东北有野生。

〖识别要点〗

1. 株形株高：多年生草本，全株鲜绿色。株高 30 ~ 90 cm。

2. 茎：茎直立，稍具棱，上部有分枝，密生白色柔毛。

图 2—12　千叶蓍

3. 叶：叶互生，叶片长而狭，无柄，2～3 回羽状全裂，裂片线形，边缘锯齿状。

4. 花序和花：头状花序，白色，密集成复伞房状，有黄色、红色、粉色品种，有香气。

5. 果实：瘦果，褐色。

〖类型及品种〗常见变种有粉红蓍草（var.*rosea*）、红花蓍草（var.*rubrum*）等。同属常见栽培种有蕨叶蓍（A.*filipendulina*）、蓍草（A.*alpina*）和珠蓍（A.*ptarmica*）。

〖观赏期〗花期 6—7 月。

〖园林用途〗花序大，开花繁密，开花时能覆盖全株，宜作花境或地被材料，片植时能表现出美丽的田野风光。也用于布置岩石园、作切花等。

【小知识】

千叶蓍因其叶矩圆状披针形，2～3 回羽状深裂至全裂，似许多细小叶片，故有“千叶”之说。

十三、紫松果菊 *Echinacea purpurea*（见图 2—13）

〖别名〗松果菊、紫锥花、紫锥菊。

〖科属〗菊科紫松果菊属。

〖产地及分布〗原产于北美洲，现世界各地广泛栽培。

〖识别要点〗

1. 株形株高：多年生草本，全株被粗硬黏毛，株高 60～120 cm，健壮挺拔，丛生状。

图 2—13　紫松果菊

2. 茎：茎直立。

3. 叶：叶卵形或卵状披针形，基生叶叶端渐尖，基部阔楔形并下延与叶柄相连，叶缘具疏浅锯齿；茎生叶叶柄基部略抱茎。

4. 花序和花：头状花序单生枝顶，苞片革质，花径 8～10 cm。舌状花一轮，玫瑰红色或紫红色，瓣端有裂齿，略下垂。中心管状花突起呈半球形，深褐色，盛开时橙黄色。

5. 果实：瘦果，褐色。

〖类型及品种〗栽培变种有大花种、红花种、白花橙心种和白花绿心种。

〖观赏期〗花期 6—10 月。

〖园林用途〗生长健壮而高大，风格粗放，花期长，适宜布置花坛、花境、花丛及路边栽植。水养持久，是优良的切花；同时其花朵很大，是制作干花的好材料。可作大型盆栽观赏。

十四、八宝景天 *Sedum spectabile*（见图 2—14）

〖别名〗长药景天、八宝、华丽景天、蝎子草。

〖科属〗景天科景天属。

〖产地及分布〗我国东北部及河北、河南、山东、安徽等省广泛栽培，日本也有分布。

〖识别要点〗

1. 株形株高：多年生肉质草本，株高 30～60 cm，初春丛生芽呈半球形，似一个灰绿色花球。

图 2—14 八宝景天

2. 茎：地下茎肥厚，地上茎粗壮，直立，簇生，全株略被白粉呈粉绿色。

3. 叶：叶肉质，三叶轮生或对生，长圆形至倒卵形，具波状齿，柄短，中脉明显。

4. 花序和花：伞房花序顶生，小花密集如平头状，花淡粉红色，花序茎 10～13 cm，覆盖整个植株上部。

5. 果实：蓇葖果，直立，极少结实。

〖类型及品种〗常见的栽培种还有白色、紫红色、玫红色品种。同属植物园林中常用种类：

1. 凹叶景天（S.*emarginatum*）：多年生肉质草本，盆栽株高 40～50 cm。有节，微被白粉，茎柱形粗壮，呈淡绿色。叶灰绿色，卵形或卵圆形，扁平肉质，叶上缘有时具波状齿。如图 2—15 所示。

2. 佛甲草（S.*lineare*）：又名白草。植株低矮，株高 10～20 cm，肉质，白色。茎初时直立，后匍匐，有分枝。三叶轮生，无柄。花黄色。如图 2—16 所示。花期 5—6 月。常用于模纹花坛、岩石园或盆栽观赏。在模纹花坛中与‘小叶绿’、‘小叶黑’、‘小叶红’配合使用。原产于我国及日本，我国广东、云南、四川、甘肃等地有野生。

3. 垂盆草（S.*sarmentosum*）：又名爬景天、狗牙齿。植株光滑无毛，低矮，株高 9～18 cm，常绿，肉质。茎纤细，匍匐或倾斜，近地面茎节易生根。三叶轮生，叶小，扁平。无花梗，聚伞花序，小花繁密。如图 2—17 所示。花期 7—9 月。垂盆草绿色期长，是园林中较好的耐阴地被植物。叶子质地肥厚多汁，不耐践踏。可作花坛材料或盆栽。原产于中国、朝鲜和日本，现我国华东、华北多数地区有栽植。

图 2—15　凹叶景天

图 2—16　佛甲草

图 2—17　垂盆草

〖观赏期〗观赏整株，整个生长期都可观赏。花期 7—10 月。

〖园林用途〗花序大而丰满，覆盖整个植株；春季新发的叶子呈莲座状，蓝绿色，也有很高的观赏价值，是花叶俱佳的花卉。可用于花境、岩石园、花篱、花坛边缘、庭院等，也可盆栽观赏或作切花。

【小思考】

景天科还有哪些常见的观赏植物?

十五、桔梗 *Platycodon grandiflorus*（见图 2—18）

〖别名〗僧冠帽、铃铛花、气球花、六角荷、梗草。

〖科属〗桔梗科桔梗属。

〖产地及分布〗原产于中国、朝鲜、日本和西伯利亚东部，现分布世界各地。

图 2—18　桔梗

〖识别要点〗

1. 株形株高：多年生草本，根粗大、肉质，圆锥形或有分叉，外皮黄褐色。植物体内有乳汁，全株光滑无毛。株高 40～120 cm。

2. 茎：茎直立，不分枝或少分枝。

3. 叶：叶互生、对生或 3 枚轮生，近无柄，叶卵形或卵状披针形，端尖，边缘有锐锯齿，叶表面光滑，背面蓝粉色。

4. 花序和花：花单生于茎顶或数朵成疏生的总状花序；花冠钟形，未开时花瓣联合成球形，似僧帽状；开放后花径达 3～6 cm，蓝紫色，裂片 5。

5. 果实：蒴果，卵形，成熟时顶端开裂。

〖类型及品种〗以蓝紫色为主，也有浅蓝色、白色、雪青色、紫红色等品种。

〖观赏期〗花期 6—9 月。

〖园林用途〗花大，花期长，花形美丽，蓝紫色的花朵非常引人注目，清幽淡雅，别具情趣。适宜于山水园林栽植，或用于布置花坛、花境、林缘、庭院。以丛植为宜。也可盆栽或作切花。

【小知识】

桔梗的根在我国东北地区常被腌制为咸菜；在朝鲜半岛被用来制作泡菜，当地民谣《桔梗谣》所描写的就是这种植物。

十六、宿根石竹类 *Dianthus* spp.

〖科属〗石竹科石竹属。

〖产地及分布〗同属植物约 300 种，分布于欧洲、亚洲、北非、美洲。我国产 16 种，南北均有分布。

〖识别要点〗

1. 株形株高：植株直立或成垫状。

2. 茎：茎节膨大。

3. 叶：单叶对生。

4. 花序和花：花单生或为顶生聚伞花序及圆锥花序，苞片 2 至多枚，花瓣具爪。

5. 果实：蒴果，圆柱形或长椭圆形，顶端 4～5 齿裂。

〖类型及品种〗园林中常用种类：

1. 常夏石竹（D.*plumarius*）：又名羽裂石竹。原产于奥地利及西伯利亚地区。株丛密集低矮，株高 20～30 cm。植株光滑被白霜，灰绿色。茎簇生，上部有分枝，越年植株茎基部木质化。叶细而紧密，叶缘具细齿，中脉在叶背隆起。花 2～3 朵顶生，花瓣剪绒状，

质如丝绒，芳香浓郁。如图 2—19 所示。花期 5—7 月。园艺品种多，有半重瓣、重瓣及高型品种。花色丰富，有白、紫、粉红等色。可用于布置岩石园和花境，也可用作地被植物或切花。

2. 西洋石竹（D.*deltoides*）：又名少女石竹。原产于英国、挪威、日本。植株低矮，株高 15～25 cm。灰绿色。营养茎匍匐地面，着花茎直立，叉状分枝，稍被毛。叶小，密而簇生，线状披针形。花单生茎顶，具长梗，有须毛，喉部常有“-”或“V”形斑。花色丰富，有白、粉、淡紫等色。芳香四溢。如图 2—20 所示。花期 5—6 月。有一些不同花色的园艺品种。可用于布置岩石园和花境或作地被植物。

3. 香石竹（D.*caryophyllus*）：又名麝香石竹、康乃馨。原产于欧洲。常绿亚灌木，作多年生或一二年生栽培。全株被白粉，株高 30～100 cm。灰绿色。茎直立，多分枝。叶窄，披针形，基部抱茎。花多单生或 2～5 朵组成聚伞花序，稍芳香。如图 2—21 所示。花期 5—7 月。栽培品种极多，分为切花品种和花坛品种两类。切花品种四季开花，有单朵大花的标准型和多朵小花的散枝型，作多年生或一年生栽培；花坛品种为多花头，作二年生栽培。园艺品种花色极为丰富，有白色、紫色、红色、黄色、杂色等。

4. 瞿麦（D.*superbus*）：原产于欧洲及亚洲温带，我国多数地区均有分布，秦岭有野生。株高 30～40 cm。植株不具白霜，浅绿色。叶平展。花单生或成稀疏的圆锥花序，花瓣深裂成羽状，萼筒长，先端有长尖。花色丰富，有白、蓝紫、淡红等色，具芳香。花期 5—6 月。有园艺品种。可用于布置花境或作切花。如图 2—22 所示。

图 2—19　常夏石竹

图 2—20　西洋石竹

图 2—21　香石竹

图 2—22　瞿麦

〖观赏期〗花期春至秋季。

〖园林用途〗花枝纤细，叶似竹，青翠成丛，故名石竹。色若彩霞，带有清雅的微香，是传统的园林花卉。常夏石竹、西洋石竹等矮生种类，枝蔓状丛生，叶细花繁，是优良的岩石园花材，也是良好的镶边材料。瞿麦、香石竹等高型种类，轻盈美丽，可用于花坛和花境。香石竹是重要的切花花卉。

【小思考】

石竹科观赏植物甚多，想一想，石竹科还有哪些常见的观赏种类？

十七、随意草 *Physostegia virginiana*（见图 2—23）

〖别名〗芝麻花、假龙头花。

〖科属〗唇形科假龙头花属。

〖产地及分布〗原产于北美洲。同属植物约有 15 种。

图 2—23　随意草

〖识别要点〗

1. 株形株高：多年生宿根草本，地下具匍匐根状茎。株高 60 ~ 120 cm。

2. 茎：茎丛生，直立，稍四棱形。

3. 叶：单叶对生，阔披针形，端锐尖，缘有锯齿。

4. 花序和花：顶生穗状花序，花序长 20 ~ 30 cm，小花唇形，密集，玫瑰紫色。

〖类型及品种〗变种和品种很多。变种有白花的 var.*alba*，植株低矮的 var.*nana*，植株高达 2 m 以上、花暗红的 var.*gigantea* 等。有白、粉紫、粉红等不同花色品种；有

40～100 cm 不同株高品种；有斑叶和切花品种。

〖观赏期〗花期 7—9 月。

〖园林用途〗枝茎挺直，株形整齐，花期集中，花序上花自下而上顺序绽放，自然、秀丽，宜群体观赏。可用于花境、草地成片种植；播种苗整齐时可用于花坛。也可盆栽或作切花。

【小思考】

随意草这个名字倒是有趣，不由得让人产生一个疑问：随意草哪里随意了？大家查查资料了解一下真相吧。

十八、羽扇豆 *Lupinus polyphyllus*（见图 2—24）

〖别名〗多叶羽扇豆、鲁冰花。

〖科属〗豆科羽扇豆属。

〖产地及分布〗原产于北美洲，现主要分布于北美洲西部、南美洲、地中海地区以及非洲。我国南、北方均有栽培。

图 2—24　羽扇豆

〖识别要点〗

1. 株形株高：多年生宿根草本，株高 60～150 cm。
2. 茎：茎上升或直立，基部分枝，全株被棕色或锈色硬毛。
3. 叶：掌状复叶多基生，小叶 9～16 枚，披针型至倒披针型，先端钝或锐尖，具短尖，

基部渐狭；叶质厚，小叶表面平滑，叶背具粗毛。叶色绿。叶柄很长，但上部叶柄短。

4. 花序和花：蝶形花冠组成轮生总状花序，在枝顶排列很紧密，长 30～60 cm，尖塔型；花色丰富艳丽，常见的有红、黄、蓝、粉等色。

5. 果实：荚果，被绒毛，种子黑色。

〖类型及品种〗园艺品种较多，有植株紧凑的矮生品种，如画廊（lupinusgallery），它是市场最新培育的早花品种，株高 50～60 cm，花穗整齐健壮，最多可开 12 朵花剑，花色丰富，有红、粉红、黄、蓝、白五色，1—2 月播种当年即可开花，春播、秋播均可，适合盆栽观赏；有高型品种，如授带（lupinusrussellhybrids），株高 100～130 cm，花期晚，长势强，花色多，适于露地栽植及多年生观赏。

同属常见栽培种有黄花羽扇豆（L.*luteus*）、窄叶羽扇豆（L.*angustifolius*）、白花羽扇豆（L.*albus*）等。

〖观赏期〗花期 4—6 月。

〖园林用途〗叶形优美，形如“羽毛扇”，花序硕大、挺拔，花色丰富，观赏价值高，是园林植物造景中优秀的竖线条花卉。适宜布置花坛，或在草坪中丛植，或用作花境背景及林缘河边丛植、片植。植株匀称、叶片茂盛的矮生品种适宜盆栽观赏，高型品种可用作插花材料。

【小知识】

羽扇豆因其根系具有固肥的机能，在我国台湾地区的茶园中被广泛种植，台湾当地人形象地称之为“母亲花”。但台湾地区对羽扇豆采用了“Lupin”音译的名字“鲁冰花”。

十九、蜀葵 *Althaea rosea*（见图 2—25）

〖别名〗一丈红、熟季花、端午锦、戎葵、吴葵。

〖科属〗锦葵科蜀葵属。

〖产地及分布〗原产于我国四川，现我国华东、华中、华北、华南地区均有分布。

〖识别要点〗

1. 株形株高：多年生草本，全株被毛，株高 70～300 cm。

2. 茎：茎直立挺拔，丛生，不分枝。

3. 叶：单叶互生，近心形，具长柄，叶掌状 3～7 浅裂，叶面粗糙多皱。

4. 花序和花：花单生叶腋或聚生成总状花序排列，花大，花萼 5 裂，花瓣 5 枚，有重瓣种。有红、粉、白、黄、蓝黑等花色。

5. 果实：蒴果，扁球形，种子扁圆，分生，肾脏形。

〖类型及品种〗有一年生品种，半重瓣、重瓣品种，有各种花形品种。

图 2—25 蜀葵

〖观赏期〗花期 6—8 月。

〖园林用途〗花色丰富，花大色艳，是重要的夏季园林花卉。适合在庭院、路侧、建筑物旁、墙角、墙边及林缘隙地列植、丛植或点植，或用于布置花境。可组成繁花似锦的绿篱、花墙，美化园林环境。

【小知识】

蜀葵于每年 6 月麦子成熟时开花，故得名“大麦熟”，人们将它盛开的花期作为麦收的吉日。它是山西省朔州市市花，当地人称“大花”。

二十、铁线莲 *Clematis florida*（见图 2—26）

〖别名〗番莲、山木通、威灵仙、铁线牡丹。

〖科属〗毛茛科铁线莲属。

〖产地及分布〗原产于我国，现分布在我国华北、西北地区。

〖识别要点〗

1. 株形株高：多年生攀缘木质藤本，长 100 ~ 200 cm。

2. 茎：茎棕色或紫红色，具棱，节部膨大。

3. 叶：2 回 3 出复叶，对生，小叶卵形至卵状披针形，全缘或 2 裂；叶背疏生短毛。

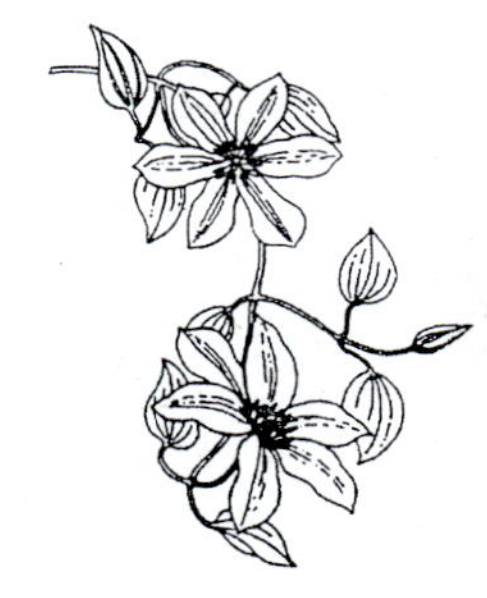

图 2—26 铁线莲

4. 花序和花：花单生于老枝的叶腋，具长花梗，在花梗近中部具 2 枚对生叶状苞片。无花瓣。萼片 6 枚，少数 4 或 8 枚，花瓣状，平展，花径 5～8 cm，花有蓝、紫、粉红、玫红、紫红、白等色，雄蕊暗紫色。

5. 果实：瘦果聚集成头状果实群。

〖类型及品种〗同属植物约 300 种，广泛分布在北半球温带。我国约有 108 种，各地均有分布，西南地区为集中分布区，许多种有较高的观赏价值。常见种有大花铁线莲、辣萼铁线莲、大叶铁线莲等。

〖观赏期〗铁线莲属植物开花时蔚为壮观，差不多从 5 月陆续开到 11 月。

〖园林用途〗茎、叶、花皆美丽，花大色艳，花朵显著，是优良的垂直绿化和园林观花植物。尤其适合作篱、垣、棚架的垂直绿化材料，也可盆栽观赏或作切花。

【小知识】

铁线莲在我国的栽培历史至少可以追溯到明朝，清初的《花镜》已记载其雄蕊瓣化的重瓣品种。铁线莲于 1776 年传入英国，同属另一种转子莲于 1836 年经日本传入英国，毛叶铁线莲于 1850 年传入英国。这三个种和南欧铁线莲杂交，得到了现代大花铁线莲的种群。

二十一、火炬花 *Kniphofia uvaria*（见图 2—27）

〖别名〗红火棒、火把莲、火杖。

〖科属〗百合科火把莲属。

〖产地及分布〗原产于南非，现世界各地广泛栽培。

图 2—27　火炬花

〖识别要点〗

1. 株形株高：多年生宿根草本，株高 80 ~ 120 cm。

2. 茎：茎直立。

3. 叶：叶基生成丛，广线形，叶背有脊，缘有细锯齿，被白粉。

4. 花序和花：圆锥形总状花序长 25 cm，上面密生数百朵下垂筒状小花，花蕾红色至深红色，自下而上开放变为黄色，形似火炬。

5. 果实：蒴果，黄褐色，果期 9 月。

〖类型及品种〗本种是栽培最普遍的种，有许多变种也供观赏。

〖观赏期〗花期 5—7 月。

〖园林用途〗花序着花密集丰满，颜色红黄并存，挺拔的花茎高高擎起火炬般的花序，壮丽可观，是花境中优良的竖线条花材，也是优良的庭院花卉。可作为配景丛植于草坪之中或植于假山石旁，也适合布置多年生混合花境和在建筑物前配植。作为背景栽植时，注意前方不要遮挡过高。矮生类可用于岩石园，高类型可作切花材料。

二十二、钓钟柳 *Penstemon campanulatus*（见图 2—28）

〖科属〗玄参科钓钟柳属。

〖产地及分布〗原产于墨西哥及危地马拉。

图 2—28　钓钟柳

〖识别要点〗

1. 株形株高：多年生草本，全株被绒毛。株高 30 ~ 50 cm。

2. 茎：茎直立，丛生，多分枝。光滑，梢被白粉。

3. 叶：叶对生，基生叶卵形，茎生叶披针形，全缘。

4. 花序和花：聚伞圆锥花序顶生，花单生或 3 ~ 4 朵生于叶腋与总梗上，呈不规则总状花序，花冠筒状唇形，花冠筒长约 2.5 cm，花有红、蓝、紫、粉等色。

〖类型及品种〗同属植物约 250 种，常见栽培种有红花钓钟柳（P.*barbatus*）和杂种钓钟柳（P.*gloxinioides*）。

〖观赏期〗花期 5—6 月或 7—10 月。

〖园林用途〗钓钟柳花色艳丽，花期长，适合在园林绿化中的花坛、花境或绿岛栽植。也可盆栽观赏。

【小思考】

你能列举出几种玄参科较著名的观赏花卉吗？

思考与练习

1. 从本章所列的宿根花卉中选出你认为适合在你的校园中栽植的花卉，并说明理由。

2. 宿根花卉在应用形式上有何特点？结合生活经验说说宿根花卉在哪些场合应用频率高。

3. 调查并列举出你所在地区春季、夏季、秋季开花的宿根花卉各 5 种。

实训三　常见宿根花卉及其种子的识别

一、实训目的与要求

识别常见宿根花卉及宿根花卉的种子。

二、实训材料与用具

1. 材料：常见宿根花卉及种子。

2. 用具：小铁锹、放大镜、铅笔、橡皮、笔记本、直尺、游标卡尺等。

三、实训内容

1. 标本采集

从校园、花卉基地中现场采集宿根花卉（及种子）20 种，也可从花卉市场购买现成的宿根花卉植株及其种子。

2. 观察记载

仔细观察各类宿根花卉种子的特征和地上部分茎、叶、花等器官特征，并将观察结果填入下表中。

（1）宿根花卉种子的观察要点：种子的大小、形状、色彩。

（2）宿根花卉地上器官的观察要点：茎干的特征；叶片的质地（纸质、革质），叶的形状特点及其他特征；花的形态特征，花序种类、花色、花朵大小、花瓣特点等；果实的形态特征（已开花结果的）。

种类	科、属	种子的特征	茎、叶的特征	花、果实的特征

三、考核评估

1. 优秀：全部分析判断正确。
2. 良好：16 个以上分析判断正确。
3. 中等：14 个以上分析判断正确。
4. 及格：12 个以上分析判断正确。

第三章

球根花卉识别

第一节

球根花卉基础知识

一、球根花卉的特点

球根花卉是指具有膨大的根或地下茎的多年生草本花卉。这类花卉地下部膨大的器官具有储藏养分、保护和保存芽体及生长点的功能。每当地上部分枯萎后，地下的球根就以休眠状态度过不良季节，待环境条件适宜后，可重新萌发生长。球根花卉具有以下几个特点：

1. 地下部分变形膨大是球根花卉区别于其他花卉的最大特点。

2. 地下的球根便于储藏和运输，省时省工。

3. 多数种类的球根花卉一次种植，可连续多年开花，3～5 年后才需要更新，栽培管理比较方便。

4. 易控制花期。只要球根大小一致，栽培条件、时间一致，即可同时开花。球根花卉是早春和春天开花的重要花卉。

5. 有些球根花卉，如中国水仙、风信子、铃兰、百合等，具芳香，可用于生产香料。

二、球根花卉的分类

全世界有 3 000 多种球根花卉，经过上百年的人工选育，已培育出成千上万个品种。其常见的分类方法有：

1. 按地下变态器官的结构分类

（1）鳞茎。地下茎缩短成圆盘状的茎盘；叶片变成肥厚多汁的变形体鳞片，储存大量养分；鳞片着生在茎盘上，鳞片之间形成腋芽；根在茎盘下部木质化的底盘周围。如郁金香、水仙、风信子、百合等。

（2）球茎。地下茎短缩成实心的圆形或扁圆形球状体，上有明显的横纹状茎节，外面包被着 1～2 层干膜状鳞片，茎节上着生侧芽，根由球茎的底部发生。球茎在生长期间随着储藏养分的耗尽而萎缩，同时在顶部形成 1 至多个新球，新球旁边产生子球，数量因种或品种而异。如唐菖蒲、小苍兰、番红花等。

（3）块茎。地下茎膨大成不规则的块状或球状，表面无干膜状鳞片，也无生根的茎盘，根在其粗糙的表面多处发生，芽着生在茎节的部位。如仙客来、马蹄莲、大岩桐、球根秋海棠、花叶芋、银莲花、晚香玉等。

（4）块根。块根是真正的根变态，由根或不定根异常膨大成球或块状，储藏养分，但不具备吸收功能，水分和养分的吸收靠须根系统。它的发芽点在被称为根冠的根茎部位。如大丽花、花毛茛、独尾草、菟葵等。

（5）根茎。地下茎增粗，在地表下呈水平状生长，外形似根，同时又形成分枝四处伸展，先端具顶芽，茎节上着生侧芽和不定根。如美人蕉、姜花、铃兰、红花酢浆草等。

2. 按适宜的栽植时间分类

（1）春植球根花卉。原产于热带、亚热带地区。生长期间喜温暖、湿润条件，不耐寒。春天栽植，夏、秋开花，秋末冬初地上部的茎叶及地下部的须根枯死，球根进入休眠，翌年春天重新萌发生长。花芽分化一般在夏季生长期进行。如唐菖蒲、大丽花、美人蕉、晚香玉等。

（2）秋植球根花卉。原产于温带或地中海气候型地区。生长期间喜凉爽、湿润条件，耐寒力较强，但不耐高温。秋天栽植后，须根充分生长，顶芽萌发但不出土，入冬后生长全部停止，第二年春天迅速生长并开花。入夏后地上部茎叶枯死，地下球根进入休眠。如郁金香、风信子、水仙、石蒜、百合、球根鸢尾、番红花、花毛茛、铃兰等。

第二节
常见球根花卉识别

一、大丽花 *Dahlia pinnata*（见图 3—1）

〖别名〗大理花、大丽菊、西番莲、天竺牡丹、山芋花、地瓜花。

〖科属〗菊科大丽花属。

〖产地及分布〗原产于墨西哥、哥伦比亚、危地马拉等国。现世界各地均有栽培。

〖识别要点〗

1. 株形株高：株高 50～250 cm。

2. 茎：茎较粗，多直立，绿色或紫褐色，平滑，中空。

图 3—1 大丽花

3. 叶：叶对生，1～2 回羽状分裂，裂片卵形，极少数为不裂的单叶。

4. 花序和花：头状花序，由中央管状花和外围舌状花组成。管状花两性，多为黄色；舌状花单性。花形众多，色彩艳丽，色泽丰富，有紫色、红色、黄色、白色以及复色等。

5. 果实：瘦果，长椭圆形，黑色。果熟期 8—9 月。

6. 地下变态根器种类：地下部生长出多个块根。

〖类型及品种〗栽培品种极为繁多，已达 3 万个以上，其花形、花色、株高均变化丰富。

1. 依花形分类：关于大丽花品种分类国内外尚无统一标准，以花形分类者居多，主要分为八类。

（1）单瓣型：舌状花 8～12 枚，各色均有，结实性强。

（2）领饰型：似单瓣型，但管状花外围与外轮舌状花异色，而具有深裂的小花瓣排成一环如同领饰。

（3）托桂型：舌状花 1～3 轮，管状花发达突起成半球状。

（4）牡丹型：舌状花瓣 20 片以上分 3～8 层排列，不太整齐，相互重叠，露心。

（5）圆球型：舌状花瓣卵圆形，外轮向后背卷，全花排列整齐成球形或半球形。

（6）小球型：花轮最小，花瓣圆形向内卷成小球而不露心。

（7）装饰型：舌状花多轮，花瓣长椭圆形，平展排列整齐，花径可达 30 cm 以上，不露心。

（8）仙人掌型：舌状花瓣狭长多纵卷成管状向四周直伸，有时扭曲，不露花心。

2. 依花色分类：可分为红色、粉色、紫色、白色、黄色、橙色、堇色以及复色等。

3. 依株高分类：通常可分为高型（150～200 cm）、中型（100～150 cm）、矮型（60～90 cm）和极矮型（20～40 cm）。

4. 依花朵大小分类：可分为五级。巨型 AA（花径 >25 cm）、大型 A（花径 20～25 cm）、中型 B（花径 15～20 cm）、小型 BB（花径 10～15 cm）、迷你型 Min（花径 5～10 cm）和可爱型 Mignon（花径 <5 cm）。

〖观赏期〗花期 6—10 月。

〖园林用途〗雍容华贵，富丽堂皇，堪同牡丹媲美；又因长的花期而深受人们欢迎。应用范围较广，宜用于布置花坛、花境及庭前丛栽。矮生品种最宜盆栽观赏；高型品种宜作切花，是花篮、花圈和花束制作的理想材料。

【小知识】

墨西哥人把大丽花视为大方、富丽的象征，将它尊为国花。大丽花也是美国华盛顿州西雅图的市花，我国吉林省的省花，河北省张家口市、甘肃省武威市和内蒙古自治区赤峰市的市花。

二、美人蕉类 *Canna* spp.

〖科属〗美人蕉科美人蕉属。

〖产地及分布〗原产于美洲热带、亚洲热带和非洲。我国有引种，现全国各地广泛栽培。

〖识别要点〗

1. 株形株高：多年生草本，株高 70～300 cm。

2. 茎：地上茎是由叶鞘互相抱合而成的假茎，丛生状；假茎和叶片常有一层蜡质白粉。

3. 叶：单叶互生，宽大，呈长椭圆状披针形，基部鞘状，有明显的叶脉，有粉绿色、亮绿色和古铜色，也有黄绿镶嵌或红绿镶嵌的花叶品种。

4. 花序和花：总状花序自茎顶抽出，花两性，不整齐。萼片 3 枚，呈苞状；花瓣 3 枚呈萼片状。雄蕊 5 枚，均瓣化为色彩丰富艳丽的花瓣，成为最具观赏价值的部分。其中一枚雄蕊瓣化瓣常向下反卷，称为唇瓣；另一枚狭长，并在一侧残留一室花药。雌蕊亦瓣化形似扁棒状，柱头生其外缘。花有乳白、淡黄、橘红、粉红、大红、红紫等色。

5. 果实：蒴果，球形，种子较大、黑褐色、种皮坚硬。

6. 地下变态根器种类：地下部形成根茎。

图 3—2 美人蕉

〖类型及品种〗同属植物有 51 种。园艺上将美人蕉品种分为两大系统，即法兰西美人蕉系统和意大利美人蕉系统。法兰西美人蕉系统是大花美人蕉的总称，参与杂交的有美人蕉、鸢尾美人蕉、紫叶美人蕉，特点为植株稍矮、花大、花瓣直立不反卷、易结实。意大利美人蕉系统主要由柔瓣美人蕉、鸢尾美人蕉等杂交培育而成，特点为植株高大、开花后花瓣反卷、不结实。

1. 美人蕉（C.*indica*）：原产于美洲热带。地下茎少分枝，株高 180 cm 以下。叶长椭圆形，长约 50 cm。花单生或双生，花稍小，淡红色至深红色，唇瓣橙黄色，上有红色斑点。如图 3—2 所示。

2. 鸢尾美人蕉（C.*iridiflora*）：又名垂花美人蕉。原产于秘鲁，是法兰西系统的重要原种。花形酷似鸢尾花。株高 200～400 cm。叶长 60 cm。花序上花朵少，花大，淡红色，稍下垂，瓣化雄蕊长。

3. 紫叶美人蕉（C.*warscewiczii*）：又名红叶美人蕉。原产于哥斯达黎加、巴西，是法兰西系统的重要原种。株高 100～120 cm。花深红色，唇瓣鲜红色。茎、叶均为紫褐色，有白粉。

4. 兰花美人蕉（C.*orchioides*）：又名意大利美人蕉，由鸢尾美人蕉改良而来。株高 150 cm 以上。叶绿色或紫铜色。花黄色有红色斑，基部筒状，花大，径 15 cm，开花后花瓣反卷。

5. 柔瓣美人蕉（C.*flaccida*）：又名黄花美人蕉。原产于北美。根茎极大，株高 100 cm 以上。花极大，筒基部黄色，唇瓣鲜黄色，花瓣柔软。

〖观赏期〗花期长，6 月至霜降前陆续开花，开花盛期在 7—8 月。在华南能四季开花。

〖园林用途〗茎叶茂盛，花大色艳，花期长，适合大片的自然栽植，或布置花坛、花境以及基础栽培。低矮品种可作盆栽观赏。

【小知识】

美人蕉类吸收有毒气体的能力很强。有些种类还有经济价值，如蕉藕的根茎富含淀粉，可供食用。

三、郁金香 *Tulipa gesneriana*（见图 3—3）

〖别名〗洋荷花、草麝香。

〖科属〗百合科郁金香属。

〖产地及分布〗产于地中海沿岸、中亚西亚、土耳其和我国。我国约产 14 种，主要分布在新疆地区。

图 3—3　郁金香

〖识别要点〗

1. 株形株高：直立形，株高 20～90 cm。

2. 茎：茎、叶光滑，被白粉。

3. 叶：叶 3～5 枚，长椭圆状披针形至卵状披针形，全缘并呈波状，常有毛。

4. 花序和花：花单生茎顶，大型，直立杯状；花被 6 枚，离生，有白色、红色、黄色、粉色、紫色、淡绿色、深棕色、黑色以及复色等。并有条纹品种和重瓣品种。白天开放，傍晚或阴雨天闭合。

5. 果实：蒴果，长 3～5 cm。种子扁平有翅，直径 3～5 mm，种皮膜质。

6. 地下变态根器种类：地下部形成鳞茎。

〖类型及品种〗园艺栽培品种繁多，达 8 000 余个，由栽培变种、种间杂种以及芽变而来，亲缘关系极为复杂。通常按花期可分为早花类、中花类和晚花类；按花形可分为杯型、碗型、百合花型或高脚杯型、流苏花型、鹦鹉花型及星型等。

〖观赏期〗花期 3—5 月。

〖园林用途〗花朵似荷花，花色繁多，色彩丰润、艳丽，是重要的春植球根花卉。矮壮品种宜布置春季花坛，鲜艳夺目。高茎品种可作切花或用于配植花境，也可丛植于草坪边缘。中、矮型品种适宜盆栽，点缀庭院、室内等，增添欢乐气氛。

【小知识】

郁金香世界各地均有种植，是荷兰、新西兰、伊朗、土耳其、土库曼斯坦等国的国花，被称为“世界花后”。

四、百合类 *Lilium* spp.（见图 3—4）

〖科属〗百合科百合属。

〖产地及分布〗百合属约有 90 个原生种，主要分布于北半球的温带和寒带地区。我国是全世界百合属植物的主要产地之一，也是世界百合的起源中心，有 47 种、18 个变种。百合在我国大部分地区都有分布，其中以四川西部、云南西北部和西藏东南部分布种类最多。

〖识别要点〗

1. 株形株高：株高 50～150 cm，有的高达 200 cm，如岷江百合。

2. 茎：地下茎外无皮膜，由多数鳞片抱合而成。地上茎直立。

3. 叶：叶披针形或广披针形，互生或轮生，平行脉，绿色。有些品种叶腋处可萌发绿色或紫色的珠芽。

4. 花序和花：花着生在茎顶端，单生或呈总状花序，有小花一至数十朵，互生或轮生。花冠呈漏斗状或杯状，基部有蜜腺，花形丰富，筒部因种类不同长短各异，花朵的着生有横向、直立或下垂。花被片 6，形相似，平伸或反卷。有红、白、黄等色，并常带有各种颜色的斑点、条纹。常具芳香。

图 3—4　百合类

5. 果实：蒴果，矩圆形，种子扁平。

6. 地下变态根器种类：地下部形成鳞茎。

〖类型及品种〗百合的原种和变种很多。不少原种具有较高的观赏价值，常被栽培应用；现代的栽培品种是由多个种反复杂交选育出来的。

野生种根据叶序和花形特征分为 4 个组：百合组、钟花组、卷瓣组和轮叶组。

栽培种依据亲本的产地、亲缘关系、花色和花姿等特征分为 9 个种系，即亚洲百合杂种系、星叶百合杂种系、麝香百合杂种系、白花百合杂种系、美洲百合杂种系、喇叭型百合杂种系、东方百合杂种系、其他类型和原种（包括所有种类、变种及变型）。常见的栽培种是亚洲百合杂种系、麝香百合杂种系和东方百合杂种系的一些种类。

〖观赏期〗花期 5—8 月。

〖园林用途〗花姿雅致，叶片青翠娟秀，茎干亭亭玉立，是名贵的切花材料。也常用于布置花坛、花境，适宜大片群植或丛植于草坪边缘及疏林下。

【小知识】

百合因其鳞茎由许多白色鳞片层环抱而成，状如莲花，因而取“百年好合”之意命名。

五、中国水仙 *Narcissus tazetta* var.*chinensis*（见图 3—5）

〖别名〗雅蒜、天蒜、水仙花、金盏银台。

〖科属〗石蒜科水仙属。

〖产地及分布〗原产于北非、中欧及地中海沿岸，现世界各地广泛栽培。

图 3—5　中国水仙

〖识别要点〗

1. 株形株高：株高 20～80 cm。

2. 茎：花茎 1 至多枝自鳞茎中生出，直立。

3. 叶：叶基生，狭长带形，排成互生两列状，绿色或灰绿色，基部有叶鞘包被。

4. 花序和花：花多朵（常 4～6 朵）成伞房花序着生于花茎端部。花序外具膜质总苞，又称佛焰苞。花茎直立，圆筒状或扁圆筒状，中空，高 20～80 cm。花白色，具浓香。花被片 6 枚，副冠杯状。

5. 果实：蒴果，种子空瘪。

6. 地下变态根器种类：地下部形成肥大的鳞茎。

〖类型及品种〗同属植物约有 30 种，有众多变种与亚种，园艺品种近 3 000 个。目前国内广泛栽培和应用的原种和变种有中国水仙、喇叭水仙、明星水仙、红口水仙、丁香水仙、多花水仙和仙客来水仙等。

中国水仙有两个品种：

1. 金盏银台：单瓣白色，黄色副冠。

2. 玉玲珑：花重瓣，副冠黄色，瓣裂，部分瓣化。

〖观赏期〗早春。

〖园林用途〗植株低矮，花姿雅致，花色淡雅，芳香，叶清秀，适宜作室内案头、窗台点缀，在南方园林中宜用于布置花坛、花境。也是很好的地被花卉，适宜在疏林下、草坪中成丛种植。

六、风信子 *Hyacinthus orientalis*（见图 3—6）

〖别名〗洋水仙、五色水仙。

〖科属〗百合科风信子属。

〖产地及分布〗原产于欧洲、非洲南部和小亚细亚一带，以荷兰栽种最多。我国各地均有栽培。

图 3—6　风信子

〖识别要点〗

1. 株形株高：株高 20～30 cm。

2. 茎：每个鳞茎多只长一枝花莛，莛高 15～45 cm，中空。

3. 叶：基生叶 4～6 枚，肥厚、带状披针形。

4. 花序和花：总状花序顶生，花小，着花 10～20 朵，小花钟状，基部膨大，花瓣裂片端部向外反卷。有红、黄、白、蓝、紫各色，单瓣或重瓣，具香味。

5. 果实：蒴果，球形。

6. 地下变态根器种类：鳞茎球形或扁球形，具有光泽的皮膜，常与花色相关。

〖类型及品种〗栽培品种甚多，有大花、小花品种，有各种颜色与重瓣品种，还有早花与晚花品种。主要变种有罗马风信子（var.albulus），其每株能着生数支花莛，但花小，植株弱。

〖观赏期〗花期 3—4 月。

〖园林用途〗花期早，花色艳丽，植株低矮而整齐，是春季布置花境、花坛及草坪边缘的优良球根花卉，也可盆栽、水养或作切花观赏。

七、花贝母 *Fritillaria imperialis*（见图 3—7）

〖别名〗璎珞百合、璎珞贝母、皇冠贝母。

〖科属〗百合科贝母属。

〖产地及分布〗原产于欧亚大陆温带，喜马拉雅山区至伊朗北部等地。现我国各地广泛栽培。

图 3—7 花贝母

〖识别要点〗

1. 株形株高：植株高大，可达 100 cm。

2. 茎：地上茎粗壮，带紫斑点。

3. 叶：叶 3～4 枚轮状丛生，披针形或狭长椭圆形，上部叶呈卵形。

4. 花序和花：伞形花序腋生，下具轮生的叶状苞。花下垂，紫红色至橙红色，基部常呈深褐色，有各种花色及重瓣类型。

5. 果实：蒴果。

6. 地下变态根器种类：鳞茎肥大，带黄色，具浓臭味。

〖类型及品种〗同属植物有 70～80 种。常见栽培种有浙贝母、川贝母、平贝母、花贝母、网眼贝母、黑百合等。

花贝母的主要品种有：光环，花橙色，叶缘深黄色；王冠王，花两轮，橙红色；鲁提亚，花亮黄色；鲁提亚极限，花深黄色；总理，花橙黄色，带紫色斑纹。

〖观赏期〗花期 4—5 月。

〖园林用途〗植株高大，花大而艳丽。适用于庭院种植，也可用于布置花境或作基础种植，还可作林下地被。高山种类适宜布置岩石园。少恶臭的种类可作切花。矮生品种则适合盆栽观赏。

【小知识】

因为花贝母的花总是低着头，因此花贝母的花语是“忍耐”。

八、石蒜 *Lycoris radiata*（见图 3—8）

〖别名〗红花石蒜、蟑螂花、老鸦蒜。

〖科属〗石蒜科石蒜属。

〖产地及分布〗以我国和日本为分布中心。原产于我国的种现分布于华中、西南、华南各省。

〖识别要点〗

1. 株形株高：多年生草本。

2. 茎：入秋抽出花茎，高 30～60 cm。

3. 叶：叶基生，线形，先于或后于花而抽生。

4. 花序和花：伞形花序，着花 5～7 朵，鲜红色具白色边缘。花被 6 裂，瓣片狭倒披针形，边缘皱缩，反卷，花被片基部合生呈短管状。雌、雄蕊长，伸出花冠并与花冠同色。

5. 果实：蒴果。

6. 地下变态根器种类：地下具鳞茎，球形，外被皮膜。

〖类型及品种〗同属植物在全世界有 20 余种，我国有 15 种。常见的栽培种有：

图 3—8　*石蒜*

1. 忽地笑（*L.aurea*）：又名黄花石蒜，分布于我国福建及中南、西南等山地、林缘阴湿处。秋季出叶，叶阔线形，中间淡色带明显。花莛高 60 cm，花径 10 cm，花黄色，瓣片边缘高度反卷和皱缩。花期 8—9 月。蒴果，果期 10 月。

2. 鹿葱（*L.squamigera*）：又名夏水仙、紫花石蒜。主产于日本，我国山东、江苏、浙江、安徽等地也有分布。春季出叶，叶带状，绿色。花淡紫红色，具芳香，边缘基部略有皱缩。花期 8—10 月。蒴果。

3. 中国石蒜（*L.chinensis*）：我国江苏、浙江、河南等地有分布。春季出叶，叶带状，中间淡色带明显。花鲜黄色或黄色，花被裂片高度反卷和皱缩，花柱上部玫瑰红色。花期 7—8 月。蒴果，果期 9 月。

4. 玫瑰石蒜（*L.rosea*）：我国江苏、浙江、安徽等地有分布。秋季出叶，叶带状，中间淡色带略明显。花玫瑰红色，花被裂片中度反卷和皱缩。花期 9 月，蒴果。

5. 换锦花（*L.sprengeri*）：分布于我国江浙、华中等地。早春出叶。花淡紫红色，花被裂片顶端常带蓝色，边缘不皱缩。花期 8—9 月。

6. 香石蒜（*L.incarnata*）：我国华中、华南等地有分布。春季出叶。花初开时白色，后渐变为肉红色，花丝、花柱均呈紫红色。花期 9 月。

7. 乳白石蒜（*L.albiflora*）：我国浙江、江苏等地有分布。春季出叶。花开时乳黄色，渐变为白色，花被裂片高度反卷和皱缩，花丝黄色，花柱上部玫瑰红色。花期 7—8 月。

蒴果，果期 9 月。

〖观赏期〗花期夏、秋季。

〖园林用途〗冬、春叶色翠绿，夏、秋红花怒放，是园林中优良的地被花卉。宜作专类园，适宜林下地被丛植或山石间自然式栽植，也可栽植于草地或溪边坡地，还可用于布置花境。可作切花或盆栽观赏。

【小思考】

忽地笑、鹿葱、中国石蒜、玫瑰石蒜如何区别呢?

九、朱顶红 *Hippeastrum vittatum*（见图 3—9）

〖别名〗孤挺花、华胄兰、对兰、对红。

〖科属〗石蒜科朱顶红属。

〖产地及分布〗原产于南美秘鲁、巴西，现世界各地广泛栽培。

图 3—9　朱顶红

〖识别要点〗

1. 株形株高：多年生草本，株高 20 ~ 60 cm。

2. 茎：花茎直立、粗壮并中空，自叶丛外侧抽生，高于叶丛。

3. 叶：叶基生，扁平带状，6 ~ 8 枚两列对生，略肉质，与花同时或花后抽出。

4. 花序和花：花茎顶端着花 4 ~ 6 朵，两两对生略呈伞状。花大型，漏斗状，呈水平或下垂开放，花径 10 ~ 15 cm。有红色、粉色、白色、红色具白色条纹等花色。

5. 果实：蒴果，球形。

6. 地下变态根器种类：鳞茎卵状球形。

〖类型及品种〗同属植物约有 75 种，常见的栽培种有：

1. 网纹孤挺花（*H.reticulatum*）：原产于巴西南部。株高 20 ~ 30 cm，叶深绿色，具明显的白色中脉。花茎长 25 ~ 35 cm，着花 4 ~ 6 朵，花径 8 ~ 10 cm，花被片鲜红紫色，有暗红条纹，具浓香。花期 9—12 月。

2. 短筒孤挺花（*H.reginae*）：又名王百枝莲、墨西哥百合。原产于墨西哥、西印度群岛。株高可达 60 cm。花茎着花 2 ~ 4 朵，鲜红色，喉部有具白色星状条纹的副冠，花被裂片倒卵形，有重瓣品种。冬、春季开花。

3. 美丽孤挺花（*H.aulicum*）：原产于巴西、巴拉圭。株高 30 ~ 50 cm，叶色中等绿色。花茎较粗，着花两朵。花深红色，花大，直径可达 15 cm，喉部有带绿色的副冠。花期冬、春季。

4. 大花杂种朱顶红（*H.hybridum* Large-flowered Type）：通常花径为 10 ~ 15 cm，花期多为冬季。

5. 小花杂种朱顶红（*H.hybridum* Miniature-flowered Type）：通常花径为 8 ~ 10 cm，花期冬季。

〖观赏期〗花期由冬季至春季，露地栽培多在 4—6 月开花。

〖园林用途〗花大色艳，壮丽悦目。用于布置花坛、花境，也可配植于草坪边、庭院中。许多品种适宜盆栽或水养观赏，陈设于客厅、书房和窗台。有些品种是很好的切花材料。

十、观赏葱类 *Allium* spp.（见图 3—10）

〖科属〗百合科葱属。

〖产地及分布〗主要分布于北温带。

〖识别要点〗

1. 株形株高：多年生草本，株高 14 ~ 120 cm。

2. 茎：花茎多粗壮，生长高于叶片。

3. 叶：叶为狭窄中空的圆柱形。

4. 花序和花：伞形花序，花小，极多，球形或扁球形，着生花茎顶端。花常长成小珠芽，有白、粉、红、紫及黄等花色。

5. 果实：蒴果。

6. 地下变态根器种类：地下具鳞茎。

图 3—10　观赏葱类

〖类型及品种〗园林中常见的栽培种有：

1. 大花葱（*A.giganteum*）：别名硕葱、高葱。原产于中亚。性喜冷凉，适合我国北方地区栽培。株高 120 cm，叶灰绿色，长达 60 cm。叶片出土后 35～45 d，花莛从叶丛中抽出，伞形花序呈大圆球形，直径可达 15 cm 以上，小花多达上千朵，桃红色。花期 5—7 月。

2. 土耳其斯坦葱（*A.karataviense*）：分布在土耳其斯坦及中亚一带。株高 14～20 cm。叶椭圆形或广卵形，粉绿色而开展，叶脉硬而明显。花序圆球状，花肉色或淡红色，中部具紫红色条纹。花期 4—5 月。

3. 天蓝花葱（*A.caeruleum*）：原产于西伯利亚及土耳其。叶狭线形，具 3 棱，开花时叶常枯萎。花茎细长，圆筒状。花序球形，小花天蓝色，花被片中部具鲜明条纹。花期 5—6 月。

4. 黄花茖葱（*A.moly*）：叶基生，阔披针形，蓝灰绿色。花茎高 40 cm，顶生球状花序，小花梗长于花被片，花鲜黄色，花期 4—5 月。

5. 紫花葱（*A.atropurpureum*）：原产于匈牙利、西伯利亚及阿富汗。株高 30～90 cm。叶线形。花序球状。花深红色。花期 5 月。

6. 南欧葱（*A.neapolitanum*）：原产于南欧。株高 20～30 cm。叶广线形，弯曲，淡灰绿色。花序呈球状，着花稀疏，有 15～30 朵，花被白色，雄蕊棕色或带黑色。春季开花。

7. 罗森巴氏葱（*A.rosebachianum*）：原产于土耳其。叶长椭圆状披针形。花茎圆筒形，株高 60～80 cm，花序较大，花白色。花期 5 月中旬。

8. 波斯葱（*A.albopilosum*）：原产于小亚细亚。叶带状，背具白色。花茎高 90 cm，花序大，花雪青色。

9. 巴基斯坦葱（*A.schubertii*）：原产于巴基斯坦。株高 30～80 cm。叶阔线形，边缘波状。花序大，着花多，约 200 朵，小花梗长短不一，花色粉红间有深红色条纹，堇紫色至紫红色。

〖观赏期〗花期春、夏季。

〖园林用途〗观赏葱类是良好的地被花卉，可布置于花境、岩石旁或草坪中成丛点缀。高大种类常作切花材料，低矮种类宜作岩石园布置。

十一、唐菖蒲 *Gladiolus hybridus*（见图 3—11）

〖别名〗剑兰、菖兰、扁竹莲、十样锦。

〖科属〗鸢尾科唐菖蒲属。

〖产地及分布〗原产于非洲热带和地中海地区。现西欧各国、北美、日本及我国广泛栽培。

图 3—11　唐菖蒲

〖识别要点〗

1. 株形株高：多年生草本，株高 40～60 cm。

2. 茎：花茎自叶丛中抽出，高于叶片。茎上被短小叶片。

3. 叶：基生叶剑形，互生，排成两列，草绿色。

4. 花序和花：穗状花序顶生，每穗着花 8～20 朵，小花漏斗状，有白、粉、黄、橙、红、紫、蓝等色，深浅不一，或具复色及斑点、条纹。花径 7～18 cm。花朵硕大，质薄如绸似绢，娇嫩可爱，花瓣边缘有皱褶或波状等变化。苞片绿色。

5. 果实：蒴果，种子扁平，有翼。

6. 地下变态根器种类：地下具球茎。

〖类型及品种〗现代唐菖蒲品种上万个，形态、性状多样。按生态习性分为春花类和夏花类；按生育期长短分为早花类、中花类和晚花类；按花形分为大花型、小蝶型、报春花型和鸢尾型；按花朵大小分为微型花、小型花、中型花、大型花和特大型花；按花色分为白、绿、黄、橙、橙红、粉红、红、玫瑰红、淡紫、蓝、紫、烟色、黄褐等色。

〖观赏期〗夏、秋季。促成栽培可四季开花。

〖园林用途〗花茎挺拔修长，着花多，花形变化多，花色艳丽多彩。主要用于切花瓶插，制作花束、花篮，也可布置于花境及专类花坛中。

【小知识】

唐菖蒲对氟化氢等有毒气体敏感，可作为监测大气污染的指示植物。

十二、番红花 *Crocus sativus*（见图 3—12）

〖别名〗藏红花、西红花。

〖科属〗鸢尾科番红花属。

〖产地及分布〗原产于欧洲、地中海及中亚等地，现世界各地广泛栽培。

〖识别要点〗

1. 株形株高：株高 10～20 cm。

2. 茎：花茎自叶丛中伸出。

3. 叶：叶基生、条形，多数，灰绿色，边缘反卷。

4. 花序和花：花单生茎顶，被有苞片 2 枚。花大，芳香，花被片 6 枚。有雪青、红紫、白等花色。

5. 果实：蒴果，椭圆形。

6. 地下变态根器种类：地下具球茎，圆或扁圆形，被干质膜或革质外皮。

〖类型及品种〗同属植物约有多年生球根花卉 80 种。园艺上按花期将栽培种分为春花类和秋花类。春花类花期 2—3 月，花茎常先叶抽出，包括番黄花、春番黄花和金番红花；秋花类花期 9—11 月，花茎常于叶后抽出，包括番红花和美丽番红花。

图 3—12　番红花

〖观赏期〗花期春或秋季。

〖园林用途〗植株矮小，叶丛纤细，花朵艳丽，常片植、丛植形成美丽的色块，最宜作疏林地被，也可盆栽或水养观赏。

【小知识】

番红花的花柱及柱头可供药用，即人们所熟知的藏红花。

十三、晚香玉 *Polianthes tuberosa*（见图 3—13）

〖别名〗夜来香、月下香、玉簪花。

〖科属〗石蒜科晚香玉属。

〖产地及分布〗原产于墨西哥及南美洲。现我国各地广泛栽培。

〖识别要点〗

1. 株形株高：常绿植物，株高 80～90 cm。

2. 茎：花茎从叶丛中伸出，高于基生叶，茎上着生短叶。

3. 叶：基生叶，带状披针形，茎生叶愈向上愈短并成苞状。

4. 花序和花：总状花序顶生，每穗着花 12～32 朵，自下而上陆续开放，小花成对着生于苞片之中，花白色，漏斗状。有重瓣品种，具浓香。

5. 果实：蒴果。种子黑色，扁锥形。

图 3—13 晚香玉

6. 地下变态根器种类：地下球根鳞块茎状（上部呈鳞茎状，下部呈块茎状）。

〖类型及品种〗同属植物有 12 种，栽培应用的只有晚香玉，且品种不多。晚香玉的主要品种有：

1.‘珍珠’（‘Dwarf pearl’）：花茎高 75～80 cm，花白色，大花，重瓣，花筒短，花穗短，着花多而密。

2.‘白珍珠’（‘Albino’）：珍珠的芽变，花纯白色，单瓣。

3.‘高重瓣’（‘Tall Double’）：植株高，花茎长，重瓣，大花，白色，宜作切花。

4.‘墨西哥早花’（‘Early mexican’）：早花品种，周年开花，以秋季最盛，单瓣，白色。

5.‘斑驳’（‘Variegate’）：叶长而弯曲，具金黄色条斑。

〖观赏期〗花期 7—11 月上旬。

〖园林用途〗花序长，着花疏而优雅，是花境中的优良竖线条花卉。可用于庭院栽培，或作切花，也常散植或丛植于石旁、路边。

【小知识】

晚香玉晚上才会散发出浓郁的香味来，但它的香味实在太过浓郁，会让人感到呼吸困难，因此一般不放在室内。

十四、蜘蛛兰类 *Hymenocallis* spp.

〖科属〗石蒜科蜘蛛兰属。

〖产地及分布〗原产于南美洲、墨西哥及西非等热带地区，现世界各地广泛栽培。

〖识别要点〗

1. 株形株高：株高 30～200 cm。

2. 茎：花茎从叶丛中伸出，高于叶片。

3. 叶：叶宽带形。

4. 花序和花：花莛实心，伞形花序顶生；花瓣细裂达基部，花丝下部合生呈杯状或漏斗状，似花瓣筒；花白色或黄色，芳香。

5. 果实：蒴果，球形，种子大。

6. 地下变态根器种类：有皮鳞茎，大，卵形，多露出地面。

〖类型及品种〗同属植物约有 40 种，有些具常绿性。主要种类有：

1. 蜘蛛兰（*H.americana*）：又名水鬼蕉、美洲水鬼蕉。常绿草本，叶剑形。花筒高 30～75 cm，着花 3～8 朵，白色，芳香。如图 3—14 所示。

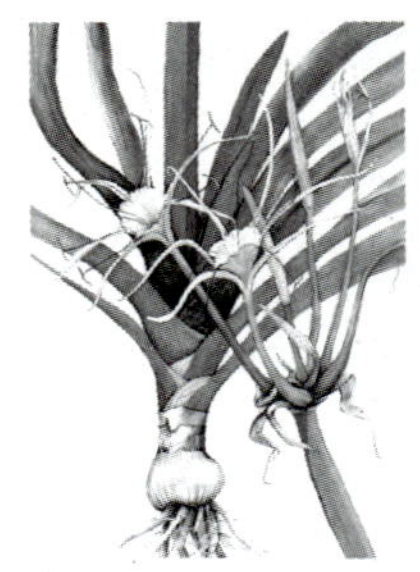

图 3—14 蜘蛛兰

2. 美丽蜘蛛兰（*H.speciosa*）：又名美丽水鬼蕉。常绿草本，有叶 10～12 枚。伞形花序着花 9～15 朵，纯白色。花期夏、秋季。

3. 蓝花蜘蛛兰（*H.calathing*）：又名蓝花水鬼蕉、秘鲁水仙。叶互生，带状。花莛二棱形，伞形花序着花 2～5 朵，无花梗。花喇叭形，白色，浓香。花期 6—7 月或 7—8 月。

〖观赏期〗花期春末至秋季。

〖园林用途〗花形奇特，花姿潇洒，色彩素雅又有香气，是布置庭院和室内装饰的佳品，尤其适用于夜花园配植。在温室常作常绿球根花卉栽培，也可作露地春植球根花卉栽培。可布置于花坛、林缘、草地，还可作切花。

【小知识】

蜘蛛兰花瓣细长且分得很开，酷似蜘蛛的长腿，而花朵中间部分可以看作是蜘蛛的身体，其花形似蜘蛛。

十五、雪滴花类 *Leucojum* spp.

〖科属〗石蒜科雪滴花属。

〖产地及分布〗原产于中欧及地中海地区，现世界各地广泛栽培。

〖识别要点〗

1. 株形株高：多年生草本，植株低矮。

2. 茎：花茎从叶丛中伸出，与叶片近高，茎上着生短叶鞘。

3. 叶：叶基生，较长，线形或平带形，被白粉，全缘。

4. 花序和花：花莛直立，中空，扁圆二棱形，边稍呈翼状。伞形花序着花 1～8 朵，小花钟形下垂，白色或粉红色，先端部有一绿点或黄点。

5. 地下变态根器种类：地下具小鳞茎。

〖类型及品种〗同属植物有 9～10 种，常见的栽培种有：

1. 雪滴花（*L.vernum*）：又名雪铃花，原产于欧洲中部和南部。株高 10～30 cm。叶丛较短。花单生，下垂，小花梗短。花被片端部具绿点。花期 3—4 月。也有花被片具黄点或 1 茎着 2～3 朵花的品种。如图 3—15 所示。

图 3—15　雪滴花

2. 夏雪滴花（*L.aestivum*）：原产于南欧及小亚细亚。株丛较雪滴花大，叶长 30 ~ 45 cm，被白粉。花茎扁圆形，边稍呈翼状，着花 4 ~ 8 朵，花下垂，花梗长短不一，花被片端部具一草绿色圆点。花期 5—6 月。

3. 秋雪滴花（*L.autamnale*）：原产于地中海沿岸。植株矮小，株高 8 ~ 25 cm。叶丝状，常在花后抽生。花茎细，着花 1 ~ 3 朵，花梗长而下垂，花被片端具浅红色圆点。花期初秋。

〖观赏期〗花期春、夏或初秋。

〖园林用途〗株丛低矮，花叶繁茂，不畏春寒，傲然开花。宜栽植于林下半阴地或坡地，可作草坪镶边；宜布置于花坛、花境及假山石旁或岩石园，也可盆栽观赏或作切花。

十六、葱莲类 *Zephyranthes* spp.（见图 3—16）

〖科属〗石蒜科葱莲属。

〖产地及分布〗原产于欧洲、亚洲和非洲的森林、沼泽和沿海滩涂地带。

图 3—16　葱莲类

〖识别要点〗

1. 株形株高：矮小草本，丛生状，株高 10 ~ 25 cm。

2. 茎：花茎生于叶丛中，与叶片近长，直立。

3. 叶：叶数枚、基生，线形，禾草状，常和花一齐出现。

4. 花序和花：花茎顶生 1 花。花被直立，漏斗状，管长或短，裂片近相等。有白、黄、粉红或红等花色。

5. 果实：蒴果，近球形。

6. 地下变态根器种类：地下为有皮鳞茎。

〖类型及品种〗同属植物约有 70 种，有些具常绿性。常见的栽培种有：

1. 葱莲（*Z.candida*）：又名葱兰、玉帘，原产于北美至南美一带。株高 10～20 cm。叶基生、窄线形，具纵沟，稍肉质，鲜绿色。花茎中空，与叶同时伸出，花单生茎顶，漏斗形，花被片 6 枚，白色或外侧略带紫红晕。花期 7—10 月。

2. 韭莲（*Z.grandiflora*）：又名红玉帘、菖蒲莲、风雨花。株高 15～25 cm。基生叶 5～7 枚、较长而软，扁线形，与花同时伸出。花单生于花茎先端，漏斗状，明显具筒部，粉红色或玫红色，苞片粉红色。可多次开花，花期 4—9 月。

〖观赏期〗花期春、夏至秋季。

〖园林用途〗株形低矮、清秀，开花繁多，花期长，常用于布置花坛、花境或作草地镶边，最宜为林下、坡地等作地被植物栽培，亦可盆栽观赏。

【小思考】

葱莲和韭莲有哪些不同之处呢？

十七、文殊兰类 *Crinum* spp.（见图 3—17）

〖科属〗石蒜科文殊兰属。

〖产地及分布〗原产于印度尼西亚、苏门答腊等，现我国南方热带和亚热带地区有栽培。

〖识别要点〗

1. 株形株高：常绿植物，株高可达 100 cm 以上。

2. 茎：花茎从叶腋抽出，粗壮直立。

3. 叶：叶多数密生，在鳞茎顶端莲座状排列，阔带形或剑形，肥厚。

4. 花序和花：伞形花序着花 10～20 朵。

5. 果实：蒴果，种子大，绿色。

6. 地下变态根器种类：地下为鳞茎。

〖类型及品种〗同属植物约有 100 种。常见的栽培种有：

图 3—17 文殊兰类

1. 文殊兰（*C.asiaticum*）：又名十八学士、白花石蒜，原产于我国广东、福建和台湾。株高 30～60 cm。叶多数密生，在鳞茎顶端莲座状排列，条状披针形，边缘波状。花茎从叶腋抽出，着花 10～20 朵，花被片线形，花被筒细长，花白色，具芳香。花期甚长，7—9 月。果实球形。

2. 西南文殊兰（*C.latifolium*）：又名印度文殊兰，原产于我国云南、广西、贵州以及越南至印度和马来西亚。株高 30～60 cm。叶带状。伞形花序着花 10～20 朵，花高脚碟状，白色有红晕，花被筒长约 9 cm，稍弯曲，带绿色，檐部水平开张，裂片椭圆状披针形，外侧中央淡红色，小花梗极短。花期夏季。

3. 南非文殊兰（*C.longifolium*）：又名好望角文殊兰，原产于南非。株高 40～60 cm。叶多数，带状，边缘具齿，有白霜。花茎着花 3～12 朵，花大而芳香，花被筒部稍弯曲，花被裂片与筒部几乎等长。白色，外侧带红晕。花期很长，夏季开花。

4. 穆尔氏文殊兰（*C.moorei*）：又名粉花文殊兰，原产于南非的纳塔尔和卡布拉利亚。株高 60～150 cm。叶 12～15 枚，带状，革质，鲜绿色，叶缘有宽锯齿。伞形花序着花 6～10 朵，花白色带粉色，筒部带绿色，有芳香。花期夏季。

5. 红花文殊兰（*C.amabbile*）：又名苏门答腊文殊兰，原产于苏门答腊。株高 60～100 cm。叶 20～30 枚，带状，全缘，鲜绿色。花大，有强烈香气，花被筒部暗紫色，花

被裂片内面白色或带红色有紫红色纵纹，反曲，其外侧紫红色。花期夏，不能结实。

6. 北美文殊兰（*C.americanum*）：原产于北美乔治亚州和佛罗里达州的河湖地带。叶 6～8 枚，狭带状，有沟，钝头，缘具细齿。花茎高 50～75 cm，着花 3～6 朵，一般为 4 朵花，乳黄色，有香气。裂片线形，筒部与裂片等长或稍长，绿色。花期春至夏季。

7. 斯里兰卡文殊兰（*C.zeylanicum*）：原产于亚洲和非洲热带。着生叶 6～12 枚，带状，鲜绿色。花茎粗，着花 10～12 朵，花漏斗形，筒部弯曲，裂片长椭圆状披针形，端尖，花白色，具红色条纹，有香气。花期早春。

〖观赏期〗花期 7—9 月。

〖园林用途〗植株常年翠绿，花、叶兼美，雅丽大方，令人赏心悦目。既可作景区、校园、机关绿地、住宅小区的草坪点缀，又可作庭院装饰花卉，还可作房舍周边的绿篱。如果作盆栽，则可置于会议厅、宾馆、宴会厅门口等，具有较高的观赏价值。

【小知识】

文殊兰全株有毒，以鳞茎最毒，误食可能会引起腹痛、腹泻、发烧。栽培时应严防小孩和动物误食。

十八、花毛茛 *Ranunculus asiaticus*（见图 3—18）

〖别名〗波斯毛茛、芹菜花。

〖科属〗毛茛科毛茛属。

图 3—18　花毛茛

〖产地及分布〗原产于欧洲东南与亚洲西南部，现世界各地广泛栽培。

〖识别要点〗

1. 株形株高：株高 20 ~ 45 cm。

2. 茎：茎单生或稀分枝，具毛。

3. 叶：基生叶阔卵形、椭圆形或三出状，叶缘有齿，具长柄；茎生叶羽状细裂，无柄。

4. 花序和花：花单生枝顶或数朵着生长梗上，花径 2.5 ~ 4 cm，鲜黄色。

5. 果实：蒴果。

6. 地下变态根器种类：地下块根纺锤形，常数个聚生于根颈处。

〖类型及品种〗同属植物约有 400 种，广泛分布于世界各地。常见的栽培种还有学士毛茛、高毛茛、阿尔卑斯毛茛、球根毛茛、禾草毛茛、长叶毛茛等。

〖观赏期〗花期 4—5 月。

〖园林用途〗株形低矮，色泽艳丽；花朵硕大，靓丽多姿；花瓣紧凑、多瓣重叠；花色丰富、光洁艳丽，是春季盆栽观赏、布置露地花坛及花境、点缀草坪和用于鲜切花生产的理想花卉。

【小知识】

花毛茛被喻为“像罂粟一样美丽的花朵”，花瓣重瓣的品种像牡丹，单瓣的品种像罂粟花。其叶似芹菜的叶，故常被称为芹菜花。

十九、蛇鞭菊 *Liatris spicata*（见图 3—19）

〖别名〗麒麟菊、马尾花、舌根菊。

〖科属〗菊科蛇鞭菊属。

〖产地及分布〗原产于美国马萨诸塞州至佛罗里达州。

〖识别要点〗

1. 株形株高：植株呈锥形，株高 60 ~ 90 cm。全株无毛或散生短柔毛。

2. 茎：茎基部膨大呈扁球形，地上茎直立。

3. 叶：叶螺旋状互生，线形或剑状线形，叶长 30 ~ 40 cm。

4. 花序和花：头状花序呈密穗状，长 45 ~ 70 cm，花有紫红色、淡红色或白色。

5. 地下变态根器种类：地下具黑色块根。

〖类型及品种〗同属植物约有 40 种，均为块根类多年生植物。目前多以切花品种为主。如蓝鸟，花蓝紫色；佛维斯，花白色，花序长达 90 cm；小鬼，花深紫色，花序长 40 ~ 50 cm；雪皇后，花白色，花序长 75 cm。

〖观赏期〗花期夏季至初秋。

图 3—19　蛇鞭菊

〖园林用途〗花期长，花茎挺立，花色清丽，盛开时竖向效果鲜明，景观宜人。宜用于布置花境或植于篱旁、林缘。适于庭院自然式丛植，是重要的切花材料。

【小知识】

蛇鞭菊多数小头状花序聚集成密长穗状花序，小花由上而下次第开放，很像响尾蛇的“沙沙”作响的尾巴。

思考与练习

1. 什么是球根花卉？球根花卉有哪些特点？
2. 球根花卉可分为几类，各类有哪些代表性花卉？
3. 列表描述本章中学习球根花卉的识别要点。

实训四　球根花卉及其地下变态器官的识别

一、实训目的与要求

能依据球根花卉的分类，识别常见球根花卉及常见球根花卉的地下变态器官。

二、实训材料与用具

1. 材料：当地球根花卉植株及地下鳞茎类、球茎类、块茎类等地下变态器官材料20种。

2. 用具：小镢头、修枝剪、采集箱等。

三、实训内容

1. 标本采集

从校园、花卉基地中现场采集各类球根花卉及其地下变态器官材料20种，也可从花卉市场购买现成的球根花卉植株及鳞茎、球茎等材料。

2. 观察记载

仔细观察各种球根花卉地下变态器官的特征和地上部分茎、叶、花等器官特征，并将观察结果填入下表中。

（1）地下变态器官的观察要点。①变态类型。②根系的生长情况：根的着生位置、根系的质地、根系的数量。③地下变态器官的形态特征：大小、形状、色彩等。

（2）地上器官的观察要点。①茎干的特征。②叶片的质地（纸质、革质）。③叶形特点及其他特征。④花的形态特征：花序种类、花色、花朵大小、花瓣特点等。⑤果实的形态特征（记载已开花结果的）。

（3）分析判断。根据观察的结果，结合各种球根花卉的主要特征，判断每类球根花卉的种植类型（春植球根、秋植球根）及地下变态器官的类型（块根、块茎、球茎、鳞茎、根茎）。

种类	科、属	地下变态器官特征	球根的类型	地上器官（茎、叶、花、果实）特征	球根花卉种植类型

四、考核评估

1. 优秀：全部分析判断正确。

2. 良好：16 个以上分析判断正确。

3. 中等：14 个以上分析判断正确。

4. 及格：12 个以上分析判断正确。

第四章

水生花卉识别

第一节 水生花卉基础知识

一、水生花卉的含义及分类

水生花卉不仅限于植物体全部或大部分在水中生活的植物，也包括沼泽或潮湿环境生长的一切可观赏的植物。一般根据生活方式和形态，将其分为四大类：

1. 挺水花卉

挺水花卉的根扎于泥土中，茎、叶、花均挺出水面。挺水花卉包括湿生类和沼生类。它们植株高大，绝大多数有明显的茎、叶之分，茎直立挺拔，常布置于水景园或水池岸边浅水处。如荷花、千屈菜、水生鸢尾、香蒲、菖蒲、再力花等。

2. 浮叶花卉

浮叶花卉的根生于泥中，叶片漂浮水面或略高出水面，花开时近水面。茎细弱不能直立，有的无明显的地上茎，根状茎发达，花大美丽。它们的体内通常储藏大量的气体，使叶片或植株能平稳地漂浮于水面，多用于布置水面景观。如王莲、睡莲、芡实、萍蓬草等。

3. 漂浮花卉

漂浮花卉根系生长于水中，植株漂浮于水面上，随着水流、风浪四处漂泊，在水面的位置不易控制。有些种类不仅具有较高的观赏价值，而且有净化水体的作用。如浮萍、凤眼莲、满江红等。

4. 沉水花卉

沉水花卉根扎于泥中，整株植物沉没于水中，叶多为狭长或丝状，开花时，花浮出水面，花较小，花期短，以观叶为主，生长于水体较中心地带，是净化水质或布置水下景观的优良植物材料。如金鱼藻、玻璃藻、苦草等。

园林中，较多见的水生花卉主要是挺水花卉和浮叶花卉，漂浮花卉和沉水花卉则较少使用。近几年兴起在水族箱中养殖热带鱼和水生花卉，沉水花卉的使用才逐渐多了起来。

二、水生花卉的特点

水生花卉为了适应水体环境，在漫长的进化过程中，逐渐地演变出许多次生性的水生结构，以便进行正常的光合作用、呼吸作用等代谢过程。因此，与陆生花卉相比，它们在植物形态和解剖构造上，形成了许多独特的特点。

1. 排水系统发达

水生花卉依赖水生存，不可缺水，但过多的水分也会对机体产生危害。在多雨季节，气压很低，植株的蒸腾作用微弱，水生花卉就要依靠由管胞、空腔和水孔组成的分泌系统，将多余的水分排出体外，同时，让无机盐等营养物质进入体内，以此来维持其正常的生理活动。

2. 通气组织发达

一般水体和泥土中的空气要比地面上稀薄得多，含氧量不足空气中的 1/20。为了适应水中空气稀薄的环境，水生花卉依靠本身发达的通气系统（由气腔和气道所组成），通过叶片气孔将空气送进体内，最终到达正在生长的器官。如荷花从叶脉、叶柄到地下茎直至膨大的藕身中，均有条条气道相通，可让进入的空气满足水下各部分呼吸和生理代谢的需要。另外，空气进入观赏水草体内后，可产生浮力，使观赏水草的叶片漂浮或直立于水中。

水生花卉的茎和叶柄组织中常存在隔膜，隔膜除了具有通气、防水和支持等作用外，还可能是营养物质和代谢产物的短期储藏场所。

3. 将叶片及时送出水面

水生花卉大部分属于维管束植物，其叶片必须在水面上才能进行光合作用。为了适应水生环境，挺水花卉中的荷花、香蒲、菰草、慈姑等都具有很长的叶柄或叶鞘，保证能及时将叶片送出水面；而浮叶花卉中的睡莲、王莲、荇菜等，则具有细长的叶柄或茎蔓，同时，在叶柄或叶片中生有气囊或气腔，内藏空气，增加浮力，保证叶片浮于水面。

4. 机械组织弱化

有些水生花卉（如浮叶花卉、漂浮花卉、观赏水草）的茎及叶柄沉入水中，不需要强硬的机械组织来支撑植株的整体，所以其机械组织弱化，植株体也较软弱。

5. 根系发育不良

由于水生花卉的根系在水中或充分湿润的泥沼中吸收水分和矿物质较省力，因此，在长期的系统发育中，根系并不发达，根毛也已退化。对水生花卉来说，根系只能起到固定植物体的作用。

6. 叶绿体发达

水生植物的叶片通常薄而柔软，其叶绿体除了分布在叶肉细胞处，还分布在表皮细胞内，且叶绿体能随着原生质的流动而流向迎光面，使水生植物能更有效地利用水中的微弱光线来进行光合作用。

7. 花粉传授变异

因水体环境的特殊性，使某些水生花卉为了满足传授花粉的需要，产生了特有的适应性变异。大部分观赏水草，如黑藻、苦草、金鱼藻等，都具有特殊的有性生殖器官，使之能适应以水为传粉媒介的花粉传授方式。

8. 营养繁殖普遍

水生花卉的营养繁殖能力非常强，特别是有些观赏水草，如茨藻、黑藻、凤眼莲等，它们的分枝断掉后，每个断掉的小枝又可长出新的个体。又如苦草、沮草等，入冬之前沉在水底越冬时就形成了冬芽，第二年春天，冬芽又萌发成新的植株。红树林植物的种子在果实还没有离开母体时，就开始萌发，并长成绿色棒状的胚轴，悬挂在母树上，不久落入泥中，数小时后就可长成新株。还有那些珍稀的水生花卉品种，则可进行组织培养。水生花卉具有的这种繁殖快且多的特点，对保持其种质特性，防止品种退化，以及杂种分离，都是有利的。

三、水生花卉的园林应用特点

1. 水生花卉是园林水体周围及水中植物造景的重要花卉。

2. 水生花卉是花卉专类园——水生园的主要材料。

3. 水生花卉常栽植于湖岸、各种水体中作为主景或配景。它在规则式水池中常常作主景。

第二节
常见水生花卉识别

一、荷花 *Nelumbo nucifera*（见图 4—1）

〖别名〗莲、芙蓉、芙蕖、藕、菡萏。

〖科属〗睡莲科莲属。

〖产地及分布〗原产于亚洲热带地区和大洋洲。除我国外，日本、印度、斯里兰卡、印度尼西亚、澳大利亚等国均有分布。我国在人工栽培前，早有野生的荷花。

图 4—1 荷花

〖识别要点〗

1. 株形株高：多年生挺水草本，株高 100 cm。

2. 茎：地下根茎膨大，有节，其上生根，称为藕；在节内有多数通气的孔眼。

3. 叶：叶盾状圆形，具 14～21 条辐射状叶脉，叶径可达 70 cm，全缘。叶面深绿色，被蜡质白粉，叶背淡绿，光滑，叶柄侧生刚刺。从顶芽处产生的叶小柄细，不出水，称为“钱叶”；最早从藕节处产生的叶稍大，浮于水面，称为“浮叶”；后来从节上长出的叶较大，立于水面，称为“立叶”。此后，每 30～90 cm 有节，就产生立叶和须根，直到 5 月底至 6 月初抽生出花蕾。立秋后不再抽生花蕾，最后当“藕鞭”变粗形成新藕时，向上抽生最后一片大叶，称为“后把叶”，在其前方抽生 1 个小而厚、晕紫的叶称为“止叶”，以后停止发叶。

4. 花序和花：花单生，两性，萼片 4～5 枚。花蕾瘦桃形、桃形或圆桃形，暗紫或灰绿色；花瓣多少不一，色彩各异，有深红色、粉红色、白色、淡绿色及复色等花色。

5. 果实：花后膨大的花托称莲蓬，上有 3～30 个莲室，发育正常时，每个心皮形成一个小坚果，俗称莲子，成熟时果皮青绿色，老熟时变为深蓝色，干时坚固。果壳内有种子，外被一层薄种皮，在两片胚乳之间着生绿色胚芽，俗称莲心。果熟期 9—10 月。

〖类型及品种〗栽培品种很多。具有代表性的荷花品种有中国莲系、美国莲系和中美杂种莲系。

〖观赏期〗花期 6—9 月，单花花期 3～4 d。

〖园林用途〗婀娜多姿，高雅脱俗，花大色丽，清香远溢，清波翠盖，是我国十大名

花之一。既是著名的观赏植物，又是重要的经济植物。自古以来，荷花就是宫廷苑囿或私家庭院中的一种珍贵水生花卉。在近代园林风景中，其应用也较广泛。在家庭中，有的用于布置阳台，有的可瓶插。

【小知识】

北宋周敦颐《爱莲说》中的“出淤泥而不染，濯清涟而不妖”，不仅描写了荷花的自然属性，而且将荷花与鄙薄世俗、洁身自好的高尚品格联系起来，使荷花的自然美得以发挥和延伸，并为荷花赋予了文化内涵和精神内容。

二、睡莲 *Nymphaea tetragona*（见图 4—2）

〖别名〗子午莲、水芹花。

〖科属〗睡莲科睡莲属。

〖产地及分布〗大部分种原产于北非和东南亚热带地区，少数种原产于欧洲和亚洲的温、寒带地区。

图 4—2　睡莲

〖识别要点〗

1. 株形株高：多年生浮水水生植物。

2. 茎：地下根状茎平生或直生，有的种类为块茎或球茎。

3. 叶：叶丛生并浮于水面，具细长叶柄，近圆形或卵状椭圆形，纸质或革质，直径 6～11 cm，先端钝圆，基部具深弯缺，全缘，无毛，叶面浓绿，背面暗紫色。

4. 花序和花：花较大，单生于细长花梗顶端，浮于水面或挺出水上。萼片4，长圆形，外面绿色，内面白色，花瓣多数，有白、粉、黄、紫红以及浅蓝等色。

5. 果实：聚合果，球形，内含多数椭圆形黑色小坚果。果期7—10月。

〖类型及品种〗同属植物有40多种，我国原产的有7种以上。本属尚有许多种间杂种和栽培品种。通常根据抗寒能力将其分为两类：不耐寒类和耐寒类。

1. 不耐寒类。原产于热带地区，在我国温带以北地区不能正常越冬。主要有：

（1）红花睡莲（N.*rubra*）：原产于印度，花深紫红色，花大，傍晚开放。

（2）埃及白睡莲（N.*lotus*）：原产于埃及尼罗河流域，花白色，傍晚开放。

（3）南非睡莲（N.*capensis*）：原产于南非、东亚、马达加斯加岛，花蓝色，大且具香味。

（4）黄睡莲（N.*mexicana*）：原产于墨西哥，花黄色，中午开放。

（5）蓝睡莲（N.*caerulea*）：原产于非洲，花浅蓝色，白天开放。

2. 耐寒类。原产于温带或寒带地区，耐寒性强，均为白天开花类。主要有：

（1）雪白睡莲（N.*candida*）：原产于新疆、中亚、西伯利亚等地，花白色。

（2）白睡莲（N.*alba*）：原产于欧洲及北非，是目前栽培最广泛的种类，花白色。

（3）香睡莲（N.*odorata*）：原产于北美洲，花白色，有许多红花及大花变种。

（4）块茎睡莲（N.*tuberosa*）：原产于北美洲，花白色。

〖观赏期〗花期6—9月。

〖园林用途〗飘逸悠闲，花色丰富，花形小巧，体态可人，是一种重要的水生花卉。最适宜丛植点缀水面，丰富水景，尤其适宜在庭院的水池中布置；也可盆栽观赏或作切花材料。

【小知识】

睡莲的根能吸收水中的铅、汞及苯酚等有毒物质，有良好的净化水质功能。生长于清洁水体的睡莲，其根茎中的淀粉可用于酿酒；全株既可作绿肥，又可药用。

三、王莲 *Victoria amazornica*（见图4—3）

〖别名〗水玉米。

〖科属〗睡莲科王莲属。

〖产地及分布〗原产于南美洲，现世界各地均有引种栽培。

〖识别要点〗

1. 株形株高：多年生或一年生大型浮水草本。

2. 茎：地下具短而直立的根状茎。

图 4—3　王莲

3. 叶：幼叶卷曲呈锥状，逐渐伸展变成圆形，叶茎达 100～250 cm。叶表面绿色无刺，叶背紫红色，网状叶脉上具长硬刺，叶缘形成高约 10 cm 的直立周缘。叶柄粗，有刺。成叶可承重 50 kg 以上。

4. 花序和花：花单生，直径 25～35 cm。花瓣多数。每朵花开两天，第一天白色，第二天淡红色至深紫红色，第三天闭合，沉入水中。

5. 果实：球形，具多数玉米状种子。

〖类型及品种〗常见栽培品种有亚马逊王莲、克鲁兹王莲和两者的杂交种长木王莲。

〖观赏期〗花期夏、秋季。

〖园林用途〗叶形硕大奇特，花大色艳，可用于创造典型热带景观、美化水面的良好材料，但在我国大多数地区需要在高温温室中栽培，成本昂贵。

【小知识】

王莲种子富含淀粉，可供食用，有“水中玉米”之称。

四、千屈菜 *Lythrum salicaria*（见图 4—4）

〖别名〗水枝柳、水柳、对叶莲。

〖科属〗千屈菜科千屈菜属。

〖产地及分布〗原产于欧、亚两洲的温带，现广泛分布于全球，我国南、北各省均有野生。

图 4—4　千屈菜

〖识别要点〗

1. 株形株高：多年生挺水植物，植株丛生状，株高 30～100 cm。

2. 茎：地下根茎粗硬，木质化。茎四棱形，直立多分枝，基部木质化。

3. 叶：单叶对生或 3 片轮生，披针形或宽披针形，全缘，无柄。

4. 花序和花：穗状花序顶生，小花多而密集，花两性，花萼长筒状，花瓣 6 枚，紫红色。

5. 果实：蒴果，扁圆形。

〖类型及品种〗同属植物有 25 种。主要的变种有：

1. 毛叶千屈菜（var.*tomentosum* DC.）：全株被白棉毛。

2. 紫花千屈菜（var.*atropur pureum* Hort.）：花穗大，花深紫色。

3. 大花桃红千屈菜（var.*roseum* Hort.）：同大花千屈菜，花色为桃红色。

4. 大花千屈菜（var.*roseum superbum* Hort.）：花穗大，花暗紫红色。

〖观赏期〗花期 7—9 月。

〖园林用途〗株丛整齐清秀，花色明丽，观花期长，最适于水边丛植或水池栽植。可作为花境背景材料，也可盆栽观赏或作切花材料。

【小知识】

千屈菜是药、食兼用的野生植物。其全草入药，可治疗痢疾、肠炎等，还可外用治外伤出血。其嫩茎叶可作野菜食用，在我国民间已有悠久的历史。

五、萍蓬草 *Nuphar Pumilum*（见图 4—5）

〖别名〗萍蓬莲、黄金莲、水粟。

〖科属〗睡莲科萍蓬草属。

〖产地及分布〗原产于北半球寒、温带。现我国东北、华北、华南均有分布。

图 4—5　萍蓬草

〖识别要点〗

1. 株形株高：多年生浮水草本。

2. 茎：地下具横走的根状茎。

3. 叶：叶二型，浮水叶纸质或近革质，圆形至卵形，全缘，基部开裂呈深心形，叶面绿而光亮，叶背隆凸，紫红色，有柔毛；沉水叶薄而柔软，无茸毛。

4. 花序和花：花单生叶腋，伸出水面，金黄色，径 2～3 cm，萼片呈花瓣状。花瓣 10～20 枚，狭楔形。

5. 果实：浆果，卵形，具宿存萼片，不规则开裂。种子矩圆形，黄褐色，光亮。果期 7—10 月。

〖类型及品种〗同属植物中主要的观赏种类有贵州萍蓬草、中华萍蓬草、欧亚萍蓬草、台湾萍蓬草等。

〖观赏期〗花期 5—7 月。

〖园林用途〗初夏开放，朵朵黄色的花从水中伸出，灿烂如金色阳光，铺洒于水面上，映衬着粼粼波光和翩翩蝶影，非常美丽，是夏季水景园中极为重要的观赏花卉。多用于池塘水景布置，与睡莲、莲花、荇菜、香蒲、黄花鸢尾等植物配植，形成绚丽多彩的景观。又可盆栽于庭院、建筑物、假山石前，或在居室向阳处摆放。

【小知识】

萍蓬草根具有净化水体的功能。其种子健脾胃，根状茎有补虚止血、治疗神经衰弱的功效。

六、雨久花 *Monochoria korsakowii*（见图 4—6）

〖别名〗水白菜、蓝鸟花。

〖科属〗雨久花科雨久花属。

〖产地及分布〗原产于我国东部及北部。日本、朝鲜及东南亚也有分布。现我国南、北各地多有生长。

图 4—6　雨久花

〖识别要点〗

1. 株形株高：一年生挺水植物。株高 30～90 cm。

2. 茎：根状茎粗壮，地上茎直立，基部常紫红色。

3. 叶：叶卵状心脏形，长 7～13 cm，宽 3～12 cm，端短尖，全缘，质较肥厚，深绿色而有光泽。基生叶具长柄，茎生叶叶柄渐短，基部扩大呈鞘而抱茎。

4. 花序和花：花茎高于叶丛，顶生总状花序，花被 6 片，花瓣状，蓝紫色或稍带白色，径约 3 cm。

5. 果实：蒴果，卵形。

〖类型及品种〗在我国南方常见的同属植物还有箭叶雨久花（M.*hastata*），与雨久花的主要区别是：叶较小，箭形或三角状披针形，顶端锐尖，基部楔形，花蓝紫色带红点，花期稍晚，于秋季开放。

〖观赏期〗花期 7—10 月。

〖园林用途〗花大美丽，花色素雅，别具风韵；叶色亮绿，可用于水面及岸旁绿化，也可盆栽观赏。花序可作切花。

【小知识】

雨久花因其茎叶可作饲料而得名“水白菜”。其全株入药，有清热解毒、消肿的功效。其嫩茎叶可作蔬菜食用，营养丰富。

七、再力花 *Thalia dealbata*（见图 4—7）

〖别名〗水竹芋、水莲蕉、塔利亚。

〖科属〗竹芋科塔利亚属。

〖产地及分布〗原产于美国南部和墨西哥。

图 4—7　再力花

〖识别要点〗

1. 株形株高：株高 80～150 cm。

2. 茎：地下根茎发达。

3. 叶：叶基生，卵状披针形，浅灰蓝色，边缘紫色，长 50 cm。

4. 花序和花：小花无柄，紫堇色，苞片形如飞鸟，成对排成松散的圆锥花序；花柄高达 2 m 以上。

〖观赏期〗花期 7—10 月。

〖园林用途〗优良的大型湿地挺水植物，观赏价值极高。植株高大形似箬竹，叶片青翠，紫色的圆锥花序挺水半空尤为动人，是水景绿化的上品花卉。广泛用于湿地景观布置，群植于水池边缘或水湿低地，形成独特的水体景观；或以 3～5 株点缀公园水面，或盆栽（长江以北地区）置于个性化的庭院水体中，像竹不是竹，似苇不像苇，别具一格。

八、香蒲 *Typha angustata*（见图 4—8）

〖别名〗长苞香蒲、蒲黄、鬼蜡烛、水烛。

〖科属〗香蒲科香蒲属。

〖产地及分布〗广泛分布于我国东北、西北和华北地区，欧、亚北部其他国家也有分布。

图 4—8　香蒲

〖识别要点〗

1. 株形株高：多年生挺水植物。株高达 150 cm。

2. 茎：地下具匍匐根状茎。地上茎直立，不分枝。

3. 叶：叶由茎基部抽出，两列状着生，长带形，长 80～180 cm，宽 7～12 cm，向上渐细，端圆钝，基部鞘状抱茎，灰绿色，质稍厚。

4. 花序和花：穗状花序呈蜡烛状，浅褐色，雌、雄花序同花轴，雄花序在上，雌花序在下，中间有间隔，露出花序轴。

5. 果实：坚果细小，无槽。

〖类型及品种〗香蒲科仅 1 属，同属植物约 18 种，我国有近 10 种。同属常见栽培种还有以下两种：

1. 小香蒲（T.*minina* Funk）：较低矮，株高不超过 1 m，茎细弱，叶线形或无，仅具细长大形叶鞘；雌、雄花序不连接。

2. 宽叶香蒲（T.*latifolia* L.）：株高约 100 cm，叶较宽，达 1～1.5 cm，花序暗褐色，雌、雄花序相连接。

〖观赏期〗花期 5—7 月。

〖园林用途〗叶丛细长如剑，秀丽潇洒；花序整齐圆滑形似蜡烛，别具一格。最宜水边丛植或片植，可以观叶和花序，也可盆栽。花序经干制后为良好的切花材料。

【小知识】

香蒲有较高的经济价值，其叶丛基部（蒲菜）及根茎先端的幼芽（草芽）可作蔬菜食用；花粉可加蜜糖食用；花可入药作止血剂；花序干后浸入油中，渗透后可代替蜡烛；叶可编制蒲包等器物。

九、菖蒲 *Acorus calamus*（见图 4—9）

〖别名〗水菖蒲、大叶菖蒲、泥菖蒲。

〖科属〗天南星科菖蒲属。

〖产地及分布〗原产于我国及日本，现广泛分布在世界温带、亚热带地区，我国南、北各地均有分布。

〖识别要点〗

1. 株形株高：多年生挺水草本，株高 60～80 cm。

2. 茎：根茎稍扁肥，横卧泥中。

3. 叶：叶两列状着生，剑状线形，端尖，基部鞘状，对折抱茎。中肋明显并在两面隆起，边缘稍波状。叶片揉碎后具香味。

4. 花序和花：花茎似叶稍细，长 20～50 cm，短于叶丛，圆柱状稍弯曲。叶状佛焰苞长达 30～40 cm，内具圆柱状长锥形肉穗花序，花小，黄绿色。

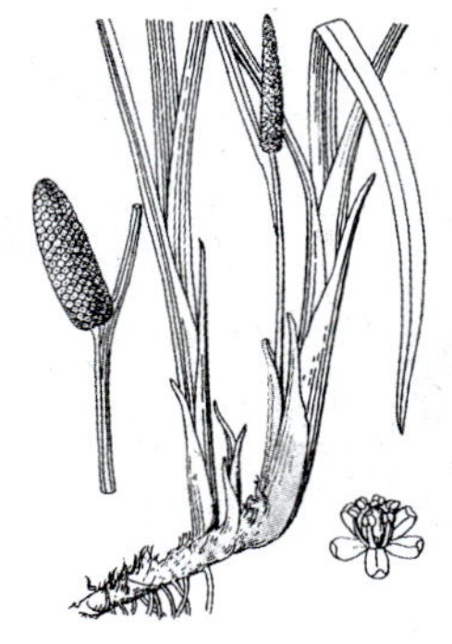

图 4—9 菖蒲

5. 果实：浆果，长圆形，红色。

〖类型及品种〗主要变种有金钱菖蒲（var.*variegatus* L.）：叶具黄色条纹。

〖观赏期〗花期 6—9 月。

〖园林用途〗叶丛挺立而秀美，全株具香气，最宜作岸边或水面绿化材料，也可盆栽观赏。

【小知识】

菖蒲根茎及叶均可入药，我国民间端午节时常将其叶和艾草一起编结成束，悬挂门上，或将其花序燃烧，以驱除蚊虫。其植物体中含有的挥发油，可提取为香料。

十、芡实 *Euryale ferox*（见图 4—10）

〖别名〗鸡头米、鸡头莲、鸡头荷、刺莲藕。

〖科属〗睡莲科芡属。

〖产地及分布〗广泛分布于东南亚。我国南、北各省区湖、塘、沼泽中均有野生，江、浙一带有栽培。

〖识别要点〗

1. 株形株高：一年生大型浮水草本。

2. 茎：根茎肥短。

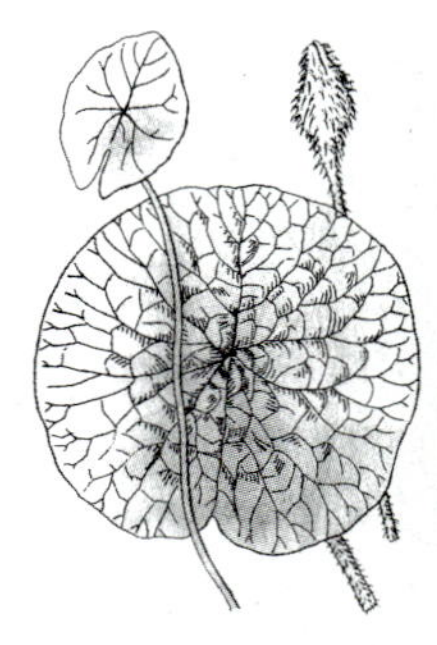

图 4—10　芡实

3. 叶：叶二型，初生叶沉水，箭形或椭圆肾形，两面刺。后生叶浮于水面，革质，椭圆状肾形或圆状盾形，表面深绿色，被蜡质，具多数隆起，背面深紫色，叶柄长，圆柱形中空，表面生多数刺。

4. 花序和花：花单生叶腋，蓝紫色。萼 4 片，披针形，绿色，刺密集；花托多刺，状如鸡头。

5. 果实：浆果球形。每果含种子 160～200 粒，豌豆状，种仁黄色，称为“芡米”。

〖类型及品种〗常见品种有两个：刺芡（又称北芡），产于江苏洪泽湖等地；苏芡（又称南芡），产于江苏太湖地区。

〖观赏期〗观赏期 6—10 月，花果期 7—8 月。

〖园林用途〗叶片巨大，平铺于水面极为壮观。长势强健，适应性强，叶形、花托奇特。在中国式园林中，与荷花、睡莲、香蒲等配植水景，尤多野趣。

【小知识】

芡实花茎多刺，果形奇特，种子可食，叶茎可作饲料，全株可入药。

十一、凤眼莲 *Eichhornia crassipes*（见图 4—11）

〖别名〗水葫芦、水浮莲、凤眼兰、洋雨久花等。

〖科属〗雨久花科凤眼莲属。

〖产地及分布〗原产于南美洲，现我国长江、黄河流域广泛引种栽培。

图 4—11　凤眼莲

〖识别要点〗

1. 株形株高：多年生漂浮草本，株高 30 ~ 50 cm。

2. 茎：茎极短缩。

3. 叶：叶呈莲座状基生，直立，叶片卵形、倒卵形至肾形，全缘，光滑鲜绿。叶柄基部略带紫红色，中下部膨大为葫芦状气囊。

4. 花序和花：花茎单生，中部有鞘状苞片，端部着生短穗状花序，着花 6 ~ 12 朵；花被蓝紫色，6 裂，上面一片较大，在蓝色花被的中央有鲜黄色的眼点，似孔雀羽翎，另 5 片近相等。

5. 果实：蒴果卵形。种子多数，有棱。

〖类型及品种〗同属植物约有 6 种，我国有 1 种。栽培品种有 2 个：

1. 大花凤眼莲（var.*major* Hort.)：花大，浅紫色。

2. 黄花凤眼莲（var.*aurea* Hort.)：花黄色。

〖观赏期〗花期 7—9 月。

〖园林用途〗叶色光亮，叶柄奇特，开花高雅俏丽，是布置水面的良好绿化材料。可以片植或丛植于水面，还可用于鱼缸装饰，花序可作切花材料。

【小知识】

凤眼莲植株可以将废水中的重金属元素、放射性污染物和许多有机污染物质富集体内，是净化水源的良好材料。但它对水体中的砷元素非常敏感，在含砷的水中浸泡超过2 h，叶尖就会发生受害现象，因此可将凤眼莲作为水体砷污染的监测植物。凤眼莲全株还可入药，有清热、解暑、利尿、消肿的功效，叶可饲喂家畜、家禽和鱼。

凤眼莲繁殖力很强，如果不加以控制，则极易蔓延，应用时要特别注意。

十二、荇菜 *Nymphoides peltatum*（见图 4—12）

〖别名〗莕菜、莲叶莕菜、水荷叶、大紫背浮萍、水镜草。

〖科属〗龙胆科荇菜属。

〖产地及分布〗原产于我国，现印度、伊朗、日本和俄罗斯等国也有分布。

图 4—12 荇菜

〖识别要点〗

1. 株形株高：多年生漂浮草本。

2. 茎：茎细长柔弱，多分枝，匍匐水中，节处生须根扎入泥中。

3. 叶：叶互生，卵形或卵状圆形，基部开裂呈心脏形，全缘或微波状，表面绿色而有光泽，背面带紫色，漂浮于水面。

4. 花序和花：伞形花序腋生，小花鲜黄色，萼片 5 裂，花冠 5 裂，裂片椭圆形，边缘具睫状毛，花冠喉部也有细毛。

5. 果实：蒴果，椭圆形。

〖类型及品种〗同属常见栽培种还有刺种荇菜、水皮莲、小荇菜、金银莲花等，叶形和花形都有一些差别。

〖观赏期〗花期 6—10 月。

〖园林用途〗叶片小巧别致，形似睡莲，鲜黄色花朵挺出水面，花多且花期长，常用于绿化、美化水面。

思考与练习

1. 水生花卉的概念是什么？水生花卉可分为几类，各有哪些代表花卉？
2. 列表描述本章中学习的水生花卉的识别要点。

实训五　常见水生花卉的识别

一、实训目的与要求

能够依据水生花卉的分类，识别常见的水生花卉。

二、实训材料与用具

1. 材料：当地水生花卉材料若干种。
2. 用具：小镢头、修枝剪、采集箱等。

三、实训内容

1. 标本采集

从校园、花卉基地中现场采集各类水生花卉标本若干种。

2. 观察记载

仔细观察各类水生花卉地下部分和地上部分（茎、叶、花、果实等）器官的特征，并将观察结果填入下表中。

（1）地下器官的观察要点。①有无变态，变态类型。②根系的生长情况：根的着生位置、根系的质地、根系的数量。③地下器官的形态特征：如变态茎的大小、形状、色彩等。

（2）地上器官的观察要点。①茎干的特征。②叶片的质地（纸质、革质）。③叶形特点及其他特征。④花的形态特征：花序种类、花色、花朵大小、花瓣特点等。⑤果实的形

态特征（记载已开花结果的）。

（3）分析判断。根据观察的结果，结合各类水生花卉的主要特征，判断出其类型（挺水植物、浮水植物、漂浮植物、沉水植物）。

种类	科、属	地下器官的特征	地上器官（茎、叶、花、果实）特征	水生花卉类型

四、考核评估

1. 优秀：全部分析判断正确。
2. 良好：85% 以上分析判断正确。
3. 中等：70% 以上分析判断正确。
4. 及格：60% 以上分析判断正确。

第五章

木本花卉识别

第一节

木本花卉基础知识

一、木本花卉的含义

木本花卉泛指在木本植物中，花朵或果实美丽，以观花、观果为主的木本植物，其中包括乔木、灌木和藤本花卉。木本花卉有常绿的，也有落叶的。

乔木通常是指主干单一明显的树木，主干生长离地至高处（约胸际）始分枝，而树冠具有一定的形态，植株高大，如鸡蛋花、羊蹄甲类、合欢、木棉、腊肠树、梅花、白玉兰等。乔木可按植株高度分类：18 m 以上为大乔木，9～18 m 为中乔木，9 m 以下为小乔木。乔木多数不适于盆栽，少数花卉如桂花、柑橘等可盆栽观赏。

灌木通常是指低矮的树木，无明显主干，呈从生状态，树冠较小，如麒麟吐珠、月季、玫瑰、杜鹃花、木槿等。灌木可按植株高度分类：2 m 以上为大灌木，2 m 以下为小灌木。灌木多数适合盆栽，如月季花、贴梗海棠、栀子花、茉莉花等。

藤本花卉枝条一般生长细弱，不能直立，但可以借助特有的攀缘器官在其他植物体或建筑物上生长，通常为蔓生植物，如紫藤、凌霄、葡萄等。藤本花卉在栽培管理过程中，通常设置一定形式的支架，让藤条附着生长。

木本花卉的景观用途极为广泛，灌木可用于庭院或道路美化、花坛布置或盆栽；乔木可作庭院绿荫树、行道树；藤木花卉对山坡、路坎、墙面、篱垣、棚架、立体绿化及林下、室内绿化等都有其他植物不可替代的作用。

二、木本花卉的特点

1. 形体高大，茎干粗壮

乔木一般在十几米至几十米以上，如雪松株高可达 50 m，茎围可达 3 m；玉兰株高可

达 25 m。灌木一般高 1 m 以上至几米，如珍珠梅株高 2～3 m，冠幅 2～3 m。

2. 茎干中含有大量的木质，一般比较坚硬

3. 寿命较长

木本花卉的寿命一般在 10 年以上至几十年，甚至几百年、几千年，如山东省日照市莒县定林寺内的一株银杏，距今已有 3 000 多年的历史，被誉为“天下银杏第一树”；现存最古老的“寿星梅”是云南省昆明市温泉曹溪寺的元梅，已有 700 多年的树龄。

4. 幼年期较长，一般从育苗至开花需要数年时间

俗话说“桃三、杏四、梨五年”，这些植物算是木本花卉中幼年期较短的树种了，长者需要 8 年、10 年以上才能开花、结果。

三、木本花卉的分类

1. 按生态习性分类

木本花卉按照生态习性可分为常绿和落叶两类。常绿的种类有含笑、山茶、杜鹃、广玉兰、栀子、桂花等；落叶的种类有月季、八仙花、梅、牡丹、海棠、日本樱花等。

2. 按观赏的部位分类

木本花卉按照观赏的部位可分为观叶、观花和观果三个类型。观叶的有红枫、紫叶小檗、南天竹、红叶石楠等；观花的有碧桃、日本樱花、白玉兰、紫玉兰、山茶等；观果的有火棘、枸骨、金橘、佛手、木瓜等。

四、木本花卉的生长特性

木本花卉均为多年生类型，个体的生命周期较长，一般为几十年。多数的木本花卉从种子萌发到第一次开花的时间较长，树木学中把这个时间段称为幼年期或童期，营养生长在此时期最为旺盛，植株不断增大增粗，枝叶等营养器官逐步构建并不断完善，为进入生殖生长阶段奠定基础。进入成年期后，植株在适宜的环境条件下可以每年开花结实，如栽培管理得当可以维持相当长的时间。进入衰老期后，植株的开花数量和质量都有所下降，直至植株最后死亡。

一年当中木本花卉的生长受到气候条件的影响很大，落叶的种类表现最为明显。落叶的木本花卉随着季节的变化，呈现不同的物候期，如紫薇、木槿、迎春、玉兰、梅花等，春季萌芽，夏季生长、开花，秋季结实，冬季落叶。常绿的种类则表现不明显，如栀子、含笑、山茶等，叶片一年四季都保持着鲜绿色。

第二节
常见木本花卉识别

一、月季 *Rosa hybrida*（见图 5—1）

〖别名〗月月红、胜春、长春花。

〖科属〗蔷薇科蔷薇属。

〖产地及分布〗蔷薇属植物有 200 余种，广泛分布在北半球寒、温带至亚热带地区，主要分布在亚洲、欧洲、北美至北非。我国自然分布有 91 种及许多变种。目前世界各地广泛栽培。

图 5—1　月季

〖识别要点〗

1. 株形株高：常绿或半常绿、直立或丛生的灌木或藤本。灌木株高 30～200 cm；藤本枝条呈蔓性，长可达 3～6 m 或更长。

2. 茎：茎具钩状皮刺或无刺。

3. 叶：叶互生，奇数羽状复叶，小叶 3～7 枚，广卵形或卵状椭圆形。

4. 花序和花：花单生或多朵簇生，单瓣或重瓣。花色多样，具芳香。

5. 果实：蔷薇果，卵形或梨形。果期 6—11 月。

〖类型及品种〗月季是一个包括自然界形成的物种、古代栽培的种和人工杂交后代的庞杂系统。按照其来源及亲缘关系可分为自然种月季、古典月季和现代月季三类。现代月季是指 1867 年第一次杂交培育而成的茶香月季系新品种‘天地开’（‘La France’）以后培育出的新品系及品种，是当今栽培月季的主体，新品种层出不穷。现代月季包含几个群，各群均有极多品种。

1. 大花（灌丛）月季群（Large-flowered Bush Roses，简称 GF 群）：即以往所称的杂交茶香月季系，至今已培育出大量品种，有许多优点，是当今栽培月季的主流，约占当今栽培月季的 3/4。

2. 聚花（灌丛）月季群（Cluster-flowered Bush Roses，简称 C 群）：即丰花月季系，与大花月季群相似，主要区别为花径较小且多花聚生。

3. 壮花月季群（Grandiflora Roses，简称 G 群）：近年用大花月季群与聚花月季群品种杂交而成的，兼具双亲的特点，即一枝多花且花大，故又称聚花大花月季。

4. 攀缘月季群（Climbing Roses，简称 CL 群）：无一定的亲本组合，是各群月季的混合群，凡茎干粗壮、长而软、需设立支柱才能直立的攀缘性月季均归入该群。

5. 蔓性月季群（Rambler Roses，简称 R 群）：典型的 R 群每年只开一次花，花期比 Cl 群晚几周，多在仲夏以后才开放，花多达 150 朵，花小或很少，径 4 cm 以下。种类不多，栽培不广，常用于覆盖墙壁或围栅。

6. 微型月季群（Miniature Roses，简称 Min 群）：株矮花小的一类，株高仅 25 cm，一枝多花，粉色，径 4 cm，后来又培育出许多多色品种。

7. 现代灌木月季群（Modern Shrub Roses，简称 MSR 群）：有不同的来源，一般指现代栽培的野生种及其第一、二代杂交后代。一些古典月季及其后代，其形态与古典月季非常相似，能够生长成大的灌丛。

8. 地被月季群（Ground Cover Roses）：月季花中的一个新群，指那些分枝特别开张披散或匍匐地面的类型，是很好的地被植物材料。

〖观赏期〗花期 4—11 月。大花月季群为常绿或近常绿灌木，在有条件的地方可四季开花。

〖园林用途〗花色艳丽，花形变化多，花期长，是重要的观花灌木。可栽植于花坛、花境、草坪角隅等处，也可布置成月季专类园。藤本月季可用于花架、花墙、花篱、花门等。月季可盆栽观赏，又是重要的切花材料。

二、牡丹 *Paeonia suffruticosa*（见图 5—2）

〖别名〗富贵花、花中之王、木芍药、洛阳花、谷雨花。

〖科属〗芍药科芍药属。

〖产地及分布〗我国是牡丹的原产地，栽培种遍及全国。

图 5—2　牡丹

〖识别要点〗

1. 株形株高：落叶半灌木。

2. 茎：入秋后新梢基部木质化，芽逐渐发育，新梢上部枯死脱落，故有“牡丹长一尺，缩八寸”之说。老枝粗脆易折，灰褐色，当年生枝较光滑，黄褐色。

3. 叶：叶呈二回羽状复叶，具长柄，顶生小叶多呈广卵形，端 3～5 裂，基部全缘，表面绿色，叶背有白粉。

4. 花序和花：花单生枝顶，萼片绿色，宿存。野生种多为单瓣，栽培种有复瓣、重瓣及台阁花型。花色丰富，有黄色、白色、紫色、深红色、粉红色、豆绿色、雪青色、复色等。

5. 果实：蓇葖果，密被短柔毛，8—9 月成熟，开裂，种子大若豌豆，黑褐色。

〖类型及品种〗同属其他种及变种有：

1. 矮牡丹（var.*spontanea*）：主要变种，形似牡丹，但植株矮小。小叶较窄，顶生小叶宽卵形或近圆形，叶柄及叶轴均生短柔毛。花多重瓣，白至粉色。在陕西、山西有分布，

生于山坡疏林中。

2. 紫斑牡丹（P.*rokii*）：花朵大，白色，基部有深紫色斑块。野生于四川北部、甘肃及陕西南部。节间长，植株较高，生长强健，抗性强，现已广泛引种栽培。

3. 黄牡丹（P.*lutea*）：植株矮小，花常单生，金黄色。在云南、四川和西藏有分布。

4. 杨山牡丹（P.*ostii*）：株高约 150 cm，小叶卵状披针形，多达 15 枚，花单生枝顶，白色。分布于河南嵩县杨山、湖南龙山、陕西留坝、湖北神农架、甘肃两当、安徽巢湖等地。

5. 紫牡丹（P.*delavayi*）：株高约 150 cm，叶小裂片披针形至长圆披针形，花 2～3 朵，紫红至红色。分布于云南西北部、四川东南部和西藏东南部。

〖观赏期〗花期 4—5 月。

〖园林用途〗我国特产名花，花大美丽，香色俱佳，素有“国色天香”之美誉，被赏花者评为“花中之王”。自古以来，多植在名园古刹中，现在各类城市园林绿地中也广泛应用。无论孤植、片植、丛植都很适宜，在园林中多布置在突出的位置，建立专类园或以花坛、花台栽植为好，也可种植在树丛、草坪边缘或假山之上，可盆栽观赏或作切花。

【小知识】

“牡丹”这一名称的出现，标志着牡丹栽培历史的开始。明代李时珍《本草纲目》中有：牡丹虽结籽而根上生苗，故谓“牡”（意指可无性繁殖），其花红故谓“丹”。

三、梅花 *Prunus mume*（见图 5—3）

〖别名〗柟、春梅、红梅、干枝梅、酸梅。

〖科属〗蔷薇科李属。

〖产地及分布〗原产于我国，距今已有 3 000 多年的应用历史，以江南一带栽培最多、最好。

〖识别要点〗

1. 株形株高：落叶小乔木，株高可达 10 m，冠形呈不正圆头形。

2. 茎：树皮灰褐色。常具枝刺，一年生枝绿色。

3. 叶：叶互生，广卵形至卵形。

4. 花序和花：花无梗或具短梗，具芳香，花瓣 5，单瓣或重瓣，单生或 2 朵簇生。花色以白、红、粉红等色为多，早春先叶开花。

5. 果实：核果，近球形，4—6 月成熟，黄色，味酸。

〖类型及品种〗我国梅花有 300 多个品种，根据陈俊愉教授等的研究，按照进化和关键性状可以将其分为 3 种系 5 类 16 型。

图 5—3 梅花

1. 真梅种系。按枝姿分为 3 类：

（1）直枝梅类：梅花枝条直上斜伸，是最常见、品种最多、变化幅度最广的一类。按花形、花色、萼色等标准分为 7 型，即江梅型、宫粉型、玉蝶型、洒金型、绿萼型、朱砂型和黄香型。

（2）垂枝梅类：枝条下垂，形成独特的伞形树冠，开花时花朵向下。有单粉垂枝型、残雪垂枝型、白碧垂枝型和骨红垂枝型 4 型。

（3）龙游梅类：枝条自然扭曲。仅有玉蝶龙游型一型。

2. 杏梅种系。仅一类，形态介于杏、梅之间，为梅与杏或山杏的中间杂种。

杏梅类：枝叶似杏或山杏，适应性及抗逆性强。有单杏型、丰后型和送春型 3 型。

3. 樱李梅种系。仅一类，为宫粉型梅花与红叶李的中间杂种。

樱李梅类：仅有美人梅型一型，美人梅一个品种，为一类、一型、一品种。

常见栽培变种和变型有：杏梅、野梅、照水梅、龙游梅、玉蝶梅、宫粉梅、朱砂梅、红梅、江梅和二乔梅等。

〖观赏期〗花期 2—3 月。

〖园林用途〗苍劲古雅，疏影横斜，傲霜斗雪，是我国传统名花。树姿、花色、花形、香味俱佳，最宜栽植于中国式庭院中，适宜孤植于窗前、屋后、路旁、桥畔，成片丛植更为壮观。也可作盆景。

【小知识】

梅花是我国十大名花之首，与兰花、竹子、菊花一起被列为四君子，与松、竹并称为“岁寒三友”。在我国传统文化中，梅具有高洁、坚强、谦虚的品格。在严寒中，梅开百花之先，独天下而春。

四、樱花 *Prunus* spp.（见图 5—4）

〖科属〗蔷薇科樱属。

〖产地及分布〗原产于我国及日本，现以日本、朝鲜和我国栽培最多。我国主要分布在华北地区及浙江、江苏、贵州等地。

图 5—4 樱花

〖识别要点〗

1. 株形株高：落叶乔木，株高 5 ~ 25 m。

2. 茎：树皮呈紫褐色，平滑有光泽，有横纹。

3. 叶：叶片椭圆卵形或倒卵形，先端渐尖或聚尾尖，基部圆形，稀楔形，边有尖锐重锯齿，齿端渐尖，有小腺体，上面深绿色，无毛，下面淡绿色，沿脉被稀疏柔毛。托叶披针形，有羽裂腺齿，被柔毛，早落。

4. 花序和花：伞房或总状花序，与叶同放或后叶开放。花色以红色为主，单瓣或重瓣，有的具香味。

5. 果实：核果，近球形，黑色。

〖类型及品种〗通常说的樱花实际上包括若干种，在我国比较常见的是山樱花（P.*serrulata*）、东京樱花（P.*yedoensis*）和日本晚樱（P.*lannesiana*）。

〖观赏期〗花期4—5月。

〖园林用途〗春天繁花竞放，轻盈娇艳，醉人心扉，是园林中很好的大型观花树种，可在庭院中孤植、丛植、对植，也可成片栽植，或者在园路旁成行栽植。

【小知识】

据文献资料考证，两千多年前的秦汉时期，樱花已在我国宫苑内栽培。唐朝时樱花已普遍出现在私家庭院中。当时万国来朝，日本朝拜者借此机会将樱花带回了日本。

五、榆叶梅 *Prunus triloba*（见图5—5）

〖别名〗小桃红。

〖科属〗蔷薇科李属。

〖产地及分布〗原产于我国华北地区及华东部分地区，现华北庭院广泛栽培。

图5—5　榆叶梅

〖识别要点〗

1. 株形株高：落叶灌木，有时为小乔木，株高2～5 m。

2. 茎：枝条开展，具多数短小枝。

3. 叶：叶片像榆树叶，宽椭圆形至倒卵形。短枝上叶常簇生，一年生枝上叶互生。

4. 花序和花：花朵酷似梅花，1～2朵生于叶腋，先叶开放，单瓣、重瓣或半重瓣，紫红色。

5. 果实：核果，红色，近球形，有毛。

〖类型及品种〗主要变种有：

1. 截叶榆叶梅（var.*truncata*）：叶前端呈阔截形，近似三角形。

2. 重瓣榆叶梅（var.*plena*）：花朵密集艳丽，花较大，粉红色，花瓣很多，萼片通常为10。

3. 鸾枝榆叶梅（var.*atropurpurea*）：枝短花密，满枝缀花。

〖观赏期〗花期4—5月。

〖园林用途〗花团锦簇，灿若云霞，既是很好的庭院绿化树种，也是很好的插花材料。

【小知识】

榆叶梅的叶似榆树叶，花似梅花，故得名“榆叶梅”。

六、碧桃 *Prunus persica* var.*duplex*（见图5—6）

〖别名〗千叶桃花。

〖科属〗蔷薇科李属。

〖产地及分布〗原产于我国西北、西南山区，目前这些地区仍有野生分布。现世界各地广泛栽培。

图5—6 碧桃

〖识别要点〗

1. 株形株高：落叶乔木，树冠宽广而平展，株高 3～8 m。

2. 茎：小枝红褐色或褐绿色，无毛。芽密生灰白色绒毛。

3. 叶：叶片长圆披针形、椭圆披针形或卵状披针形，叶边具细锯齿或粗锯齿，叶柄粗壮。

4. 花序和花：花单生，先于叶开放，花梗极短或几无梗。花瓣长圆状椭圆形至宽倒卵形，粉红色，罕为白色。

5. 果实：核果，卵形、宽椭圆形或扁圆形，果表面被绒毛，果梗短而深入果洼。

〖类型及品种〗平时人们所称的“碧桃”实际上是包括碧桃这一变种在内的若干个观赏桃变种及变型。目前比较重要的观赏桃有碧桃（var.*duplex*）、红碧桃（f.*rubro-plena*）、白碧桃（f.*alba-plena*）、洒金碧桃（f.*versicolor*）、垂枝碧桃（f.*pendula*）、红叶桃（f.*atropurpurea*）、寿（星）桃（var.*densa*）等。

〖观赏期〗花期 3—4 月。

〖园林用途〗花朵丰腴，色彩鲜艳丰富，花形多，适合庭院露地栽植，是很好的春季观赏花木，尤其适合庭院道路两旁成行布置或成片栽植，也可与其他花木或建筑物搭配布置，还是很好的传统插花材料。有些矮化变种（如寿桃）很适合盆栽或作成树桩盆景供室内观赏。

七、海棠花 *Malus spectabilis*（见图 5—7）

〖别名〗海棠、西府海棠。

〖科属〗蔷薇科苹果属。

〖产地及分布〗原产于我国西北地区，现华北、东北地区均有分布。

〖识别要点〗

1. 株形株高：小乔木，树形峭立，株高可达 8 m。

2. 茎：小枝粗壮，圆柱形，幼时具短柔毛，逐渐脱落，老时红褐色或紫褐色，无毛；冬芽卵形，先端渐尖，微被柔毛，紫褐色，有数枚外露鳞片。

3. 叶：叶片椭圆形至长椭圆形，长 5～8 cm，先端短锐尖，基部广楔形至圆形，边缘有紧贴细锯齿，有时部分近于全缘，幼嫩时上、下两面具稀疏短柔毛，以后脱落，老叶无毛。

4. 花序和花：花在蕾时甚红艳，开放后呈淡粉红色，径 4～5 cm，萼片较萼筒短或等长，三角状卵形，宿存。海棠花、叶同放，数朵花簇生成伞形花序，花梗细长。直立或下垂，单瓣或重瓣。

图 5—7　海棠花

5. 果实：梨果，果实近球形，黄色，果期 8—9 月。

〖类型及品种〗常见的园林观赏品种还有垂丝海棠（M.*halliana*）和西府海棠（M. *micromalus*）。

〖观赏期〗花期 4—5 月。

〖园林用途〗花姿潇洒，花开似锦，是很好的春季观花树种，适合在广阔的草坪上或者水池、假山旁孤植、丛植，也可在大门两旁对植或在道路两旁成行栽植。还可作成盆景供室内观赏，或作插花材料。

八、蜡梅 *Chimonanthus praecox*（见图 5—8）

〖别名〗腊梅、蜡木、唐梅、黄梅。

〖科属〗蜡梅科蜡梅属。

〖产地及分布〗原产于我国，主要分布在河南西南部、陕西南部、湖北西部、四川东部及南部、湖南西北部、云南北部及东南部以及浙江西部等地，以湖北、四川、陕西交界地区为分布中心。现全国均有栽培，以河南鄢陵栽培最盛。日本、朝鲜也有，欧美各国近来引种渐多。

〖识别要点〗

1. 株形株高：落叶丛生灌木，株高达 5 m。

图 5—8　蜡梅

2. 茎：幼枝四方形，老枝近圆柱形。

3. 叶：叶对生，纸质至近革质，长椭圆形，全缘；叶面绿色粗糙，叶背灰绿色光滑。

4. 花序和花：花两性，芳香，通常着生于二年生枝条叶腋内，先花后叶，花瓣似蜡质，花被片多数，内层较小，中层较大，稍有光泽，最外层由细小的鳞片组成。

5. 果实：坛状果托内藏瘦果，5—7 月成熟。

〖类型及品种〗

1. 主要品种。蜡梅品种分类尚无统一标准，大都按花形、中轮花被片的形状及颜色、花心色泽、花径大小分类。常见的有‘小花’蜡梅、‘狗牙’蜡梅、‘檀香’蜡梅、‘磬口’蜡梅、‘素心’蜡梅、‘荷花’蜡梅、‘虎蹄’蜡梅等。此外，尚有不少变种及栽培品种，如‘吊金钟’、‘黄脑壳’、‘早黄’等，它们在花色、着花密度、花期、香气、生长习性等方面各有特点。

2. 同属其他种。蜡梅属共 4 种，其他 3 种为：

（1）柳叶蜡梅（Ch.*salicifolius*）：落叶灌木。叶表被短糙毛，叶背无白粉。中部花被片较窄，内花被片无紫纹。

（2）亮叶蜡梅（Ch.*nitens*）：又叫山蜡梅，常绿灌木。叶表无短糙毛，叶背多少有白粉。

（3）西南蜡梅（Ch.*campanulatus*）：常绿灌木。叶表无短糙毛，叶背无白粉。

〖观赏期〗花期 11 月下旬至翌年 3 月。

〖园林用途〗花开早春，花黄如蜡，清香四溢，为冬、春观赏佳品。可布置大面积蜡

梅林、蜡梅岭、蜡梅溪等景观，也可配植在厅堂入口两侧、窗前屋后、墙隅、山丘斜坡、广场草坪边缘、道路两旁等处，还可与南天竹搭配配植在假山旁构成山石景观，在严冬时节形成一幅绿叶、黄花、红果相呼应的喜人景观。可用于园艺盆景造型，也可作切花材料，瓶插寿命持续月余。

【小知识】

蜡梅并非梅类，两者亲缘甚远。在植物分类学上，蜡梅属于蜡梅科，而梅花则是蔷薇科植物。由于它们相继在寒冬腊月或早春时节开花，而且花形、花香近似，所以常被人们误认为是同类。

九、紫薇 *Lagerstroemia indica*（见图 5—9）

〖别名〗痒痒树、百日红。

〖科属〗千屈菜科紫薇属。

〖产地及分布〗产于亚洲南部及大洋洲北部。现我国华东、华中、华南及西南均有分布，各地普遍栽培。

图 5—9 紫薇

〖识别要点〗

1. 株形株高：落叶灌木或小乔木，株高可达 7 m，树冠不整齐。

2. 茎：老树皮呈长薄片状，剥落后平滑细腻，灰色或灰褐色；枝干多扭曲，小枝纤细，具 4 棱，略成翅状。

3. 叶：叶对生或近对生，椭圆形至倒卵状椭圆形，长 3～7 cm，先端尖或钝，基部广楔形或圆形，全缘，无毛或背脉有毛，具短柄。

4. 花序和花：花鲜淡红色，径 3～4 cm，花瓣 6，萼外光滑，无纵棱，呈顶生圆锥花序。

5. 果实：蒴果，近球形，径约 1.2 cm，6 瓣裂，基部有宿存花萼。种子顶端有翅。果期 10—11 月。

〖类型及品种〗变种有：

1. 银薇（var.*alba* Nichols.）：花白色或微带淡堇色，叶色浓绿。

2. 翠薇（var.*rubra* Lav.）：花紫堇色，叶色暗绿。

〖观赏期〗花期 6—9 月。

〖园林用途〗树姿优美，树干光滑洁净，花色艳丽，花朵繁密。最适宜种在庭院及建筑前，也宜栽在池畔、路边及草坪上。也可盆栽观赏或作盆景用。

十、木槿 *Hibiscus syriacus*（见图 5—10）

〖别名〗木棉、荆条、朝开暮落花、喇叭花。

〖科属〗锦葵科木槿属。

〖产地及分布〗原产于东亚，现我国自东北南部至华南各地均有栽培，尤以长江流域为多。

图 5—10　木槿

〖识别要点〗

1. 株形株高：落叶灌木或小乔木，株高 3～4（6）m。

2. 茎：分枝多，小枝密被黄色星状绒毛。

3. 叶：叶菱状卵形，长 3～6 cm，基部楔形，端部常 3 裂，边缘有钝齿，仅背面脉上稍有毛。叶柄长 0.5～2.5 cm。

4. 花序和花：花单生叶腋，径 5～8 cm，单瓣或重瓣，有淡紫、红、白等色。

5. 果实：蒴果，卵圆形，径约 1.5 cm，密生星状绒毛。果熟期 9—11 月。

〖类型及品种〗栽培品种繁多。有单瓣品种、重瓣品种和半重瓣品种。

1. 单瓣品种。如纯白色‘Totus Albus’、皱瓣纯白‘W.R.Smith’、大花纯白‘Diana’（花径约 12 cm，多花）、白花褐心‘Monstrosus’，白花红心‘Red Heart’、蓝花红心‘Blue Bird’、玫瑰红‘Wood-bridge’（花玫瑰粉红色，中心变深）等。

2. 重瓣品种和半重瓣品种。如粉花重瓣‘Flore-plenus’（花瓣白色带粉红晕）、美丽重瓣‘Speciosus Plenus’（粉花重瓣，中间花瓣小）、白花重瓣‘Albo-plenus’、白花褐心重瓣‘Elegantissimus’、桃红重瓣‘Paeoniflorus’（花桃色而带红晕）等。

〖观赏期〗花期 6—9 月。

〖园林用途〗花期长，花朵大，有许多不同花色、花形的变种和品种，是优良的园林观花树种。常作围篱及基础种植材料，也宜丛植于草坪、路边或林缘。抗性强，是工厂绿化的好树种。

【小知识】

木槿花的营养价值很高，含有蛋白质、脂肪、粗纤维以及还原糖、维生素 C、氨基酸、铁、钙、锌等，还含有黄酮类活性化合物。木槿花蕾，食之口感清脆；完全绽放的木槿花，食之滑爽。

十一、木芙蓉 *Hibiscus mutabilis*（见图 5—11）

〖别名〗芙蓉花、拒霜花。

〖科属〗锦葵科木槿属。

〖产地及分布〗原产于我国，黄河流域至华南均有栽培，尤以四川成都一带为盛，故成都有“蓉城”之称。

〖识别要点〗

1. 株形株高：落叶灌木或小乔木，株高 2～5 m。

2. 茎：小枝密被星状毛与直毛相混的细绵毛。

图 5—11 木芙蓉

3. 叶：叶广卵形，宽 7～15 cm，掌状 3～5 浅裂，基部心形，缘有浅钝齿，两面均有星状毛。

4. 花序和花：花大，径约 8 cm，单生枝端叶腋。花冠通常为淡红色，后变深红色。花梗长 5～8 cm，近顶端有关节。

5. 果实：蒴果，扁球形，径约 2.5 cm，有黄色刚毛及棉毛，果瓣 5。种子肾形，有长毛。果熟期 10—11 月。

〖类型及品种〗红花木芙蓉‘Rubra’（花红色，单瓣）、白花木芙蓉‘Alba’（花白色，单瓣）、重瓣木芙蓉‘Plenus’（花重瓣，由粉红变紫红色）和醉芙蓉‘Versicolor’（花在一日之中，初开为纯白色，渐变淡黄、粉红色，最后成红色）。

〖观赏期〗花期 9—10 月。

〖园林用途〗花大而美丽，花色、花形随品种不同而有丰富的变化，是一种很好的观花树种。性喜近水，种在池旁水畔最为适宜。《长物志》云：“芙蓉宜植池岸，临水为佳。”植于庭院、坡地、路边、林缘及建筑前，或栽作花篱，都很合适。也可作盆栽观赏。

【小知识】

木芙蓉花或白或粉或赤，皎若芙蓉出水，艳似菡萏展瓣，故有“芙蓉花”之称；又因其生于陆地，为木本植物，故又名“木芙蓉”。木芙蓉开的花一日三变，故又名“三变花”；其花晚秋始开，霜侵露凌却丰姿艳丽，占尽深秋风情，因而又名“拒霜花”。

十二、玉兰 *Magnolia denudata*（见图 5—12）

〖别名〗白玉兰、望春花、木花树。

〖科属〗木兰科木兰属。

〖产地及分布〗原产于我国中部山野中，现国内、外庭院常见栽培。

图 5—12 玉兰

〖识别要点〗

1. 株形株高：落叶乔木，株高达 15 m。树冠卵形或近球形。

2. 茎：树皮深灰色，粗糙开裂；小枝稍粗壮，灰褐色。

3. 叶：叶倒卵状长椭圆形，长 10～15 cm，先端突尖而短钝，基部广楔形或近圆形，幼时背面有毛。

4. 花序和花：花大，径 12～15 cm，纯白色，芳香，花萼、花瓣相似，共 9 片。叶前开放。

5. 果实：蓇葖果聚合成球果状，各具 1～2 种子。种子有红色假种皮，成熟时悬挂于丝状种柄上。

〖观赏期〗花期 3—4 月。

〖园林用途〗先花后叶，花洁白、美丽且清香，早春开花时犹如雪涛云海，蔚为壮观，是我国著名的早春花木。最宜列植堂前，点缀中庭。可配植于纪念性建筑之前或丛植于草坪、针叶树丛之前，也可用于室内瓶插观赏。

十三、紫丁香 *Syringa oblata*（见图 5—13）

〖别名〗华北紫丁香、丁香。

〖科属〗木犀科丁香属。

〖产地及分布〗分布于吉林、辽宁、内蒙古、河北、山东、陕西、甘肃、四川等地，生于海拔 300～2 600 m 山地或山沟。朝鲜也有分布。

图 5—13　紫丁香

〖识别要点〗

1. 株形株高：灌木或小乔木，株高可达 4～5 m。

2. 茎：树皮灰褐色或灰色。小枝无毛而密被腺毛，小枝较粗，疏生皮孔。

3. 叶：叶广卵形，通常宽度大于长度，宽 5～10 cm，端锐尖，基部心形或截形，全缘，两面无毛。

4. 花序和花：圆锥花序长 6～15 cm。花萼钟状，有 4 齿，花冠堇紫色，端 4 裂开展。花药生于花冠筒中部或中上部。

5. 果实：蒴果，长圆形，顶端尖，平滑。

〖类型及品种〗有以下品种和变种：

1.‘白’丁香（‘alba’）：花白色，叶较小，背面微有柔毛。

2. 紫萼丁香（var.*giraldii*）：花序轴和花萼紫蓝色，叶先端狭尖，背面微有柔毛。

3. 朝鲜丁香（var.*dilatata*）：叶卵形，长达 12 cm，先端长渐尖，基部通常截形，无毛，花序松散，花冠筒长 1.2 ~ 1.5 cm，产于朝鲜。

4. 湖北丁香（var.*hupehensis*）：叶卵形，基部楔形，花紫色，产于湖北。

〖观赏期〗花期 4 月。

〖园林用途〗枝叶茂密，花美而香，是我国北方各地园林中应用普遍的花木之一。广泛栽植于庭院、机关、厂矿、居民区等地。常丛植于建筑前、茶室凉亭周围，散植于园路两旁、草坪中。与其他种类丁香配植成专类园，形成美丽、清雅、芳香、青枝翠叶、花开不绝的景观效果。也可盆栽观赏或作切花等用。

【小知识】

《辞源》中有："【丁香】：中国所产木犀科灌木紫丁香的花蕾。丁香花未开时，其花蕾密布枝头，称丁香结。唐宋以来，诗人常常以丁香花含苞不放，比喻愁思郁结，难以排解，用来写夫妻、情人或友人间深重的离愁别恨。"

十四、叶子花 *Bougainvillea spectabilis*（见图 5—14）

〖别名〗九重葛、三角花、三角梅、宝巾花。

〖科属〗紫茉莉科叶子花属（三角花属）。

图 5—14 叶子花

〖产地及分布〗原产于巴西，现世界各地广泛栽培，我国华南、西南地区有露地栽培，北方地区多有盆栽。

〖识别要点〗

1. 株形株高：常绿攀缘性灌木。

2. 茎：木质化，有刺或无。

3. 叶：叶密生柔毛，呈椭圆形或卵形，基部圆形，有柄。

4. 花序和花：花生于新枝顶端，常 3 朵簇生于 3 枚较大的苞片内。苞片椭圆形，形状似叶，有红、淡紫、橙黄等色，为主要观赏部分。花梗与苞片中脉合生，花被管状密生柔毛，淡绿色。

5. 果实：瘦果，圆柱形，果实长 1～1.5 cm，密生毛。

〖类型及品种〗常见的园艺变种有：

1. ‘白苞’叶子花（cv.Alba-plena）：苞片白色。

2. ‘艳红’叶子花（cv.Butt）：苞片鲜红色。

3. ‘砖红’叶子花（cv.Lateritia）：苞片砖红色。

〖观赏期〗花期很长，11 月至翌年 6 月初。

〖园林用途〗苞片大而美丽，盛花时节艳丽无比，姹紫嫣红的苞片给人以热情奔放的感受。在长江流域以北常作盆栽，摆放于门廊、庭院、厅堂入口处，色彩鲜艳。在南方常作坡地、围墙的覆盖或攀缘材料，披垂飘逸，格外动人，也可布置绿篱和花坛。此花可采用一定的措施控制花期，可在生长期多次成花，用于节日花卉布置。

【小知识】

在巴西，妇女常将叶子花插在头上作装饰，别具一格。叶子花还是一味中药，有散瘀消肿的功效。

十五、八仙花 *Hydrangea macrophylla*（见图 5—15）

〖别名〗绣球、紫绣球、粉团花、阴绣球。

〖科属〗虎耳草科八仙花属。

〖产地及分布〗原产于中国及日本，在我国湖北、四川、浙江、江西、广东、云南等地都有分布。现各地庭院广泛栽培。

〖识别要点〗

1. 株形株高：落叶灌木，株高 3～4 m。

2. 茎：小枝粗壮，皮孔明显。

图 5—15　八仙花

3. 叶：叶大而略厚，对生，椭圆形至阔卵形，长 6～18 cm，边缘有细锯齿，叶面鲜绿色，叶背黄绿色。叶柄粗壮。

4. 花序和花：花序大如华盖，由许多不孕花组成球形伞房状聚伞花序，顶生，具总梗。不孕花具 4 枚花瓣状的大萼片，花初开时绿色，后转为白色，渐次变淡红色或浅蓝色。

5. 果实：蒴果。种子多而细小。

〖类型及品种〗常见的变种及品种有：

1. 蓝边八仙花（var.*coerulea*）：花两性，深蓝色。

2. 大八仙花（var.*hertensis*）：花不孕，萼片广卵形，全缘。

3. 齿瓣八仙花（var.*macrosepala*）：花白色，花瓣边缘具齿牙。

4. 银边八仙花（var.*maculata*）：叶狭小，边缘白色。多作盆栽观赏。

5. 紫茎八仙花（var.*mandshurrica*）：茎暗紫色。

6.‘紫阳花’（‘Otaksa’）：植株较矮，株高约 1.5 m，叶质厚，花序圆球形，不孕，蓝色或淡红色。极为美丽，是盆栽佳品。

7. 玫瑰八仙花（var.*rosea*）：花呈玫瑰色。

〖观赏期〗花期 6—7 月。

〖园林用途〗耐阴花卉，花序大而美丽，开花时花团锦簇，不仅是室内、厅堂等处的优良盆花，而且在园林中也有较多应用，既可植于花坛、花境、庭院等处观赏，也可丛植于草坪、林缘、园路拐角和建筑物前。

十六、扶桑 *Hibiscus rosa-sinensis*（见图 5—16）

〖别名〗佛槿、桑槿、朱槿、朱槿牡丹。

〖科属〗锦葵科木槿属。

〖产地及分布〗原产于东印度和我国，现全世界热带、亚热带、温带地区广泛分布。我国分布于长江以南地区，现各地广泛栽培。

图 5—16　扶桑

〖识别要点〗

1. 株形株高：常绿灌木或乔木，株高可达 6 m。盆栽株高 1～3 m。

2. 茎：全株无毛，分枝多。

3. 叶：叶互生，广卵形至卵形，长锐尖，叶面深绿色有光泽，叶缘有粗锯齿或缺刻，基部近全缘，背脉有少许疏毛。

4. 花序和花：花大单生于叶腋，有单瓣，也有重瓣。单瓣者花冠漏斗形，雄蕊筒及柱头伸出于花冠之外，花多为玫瑰红色，花径约 10 cm。重瓣者则花冠非漏斗形，呈红、黄、粉等色，花径 10～17 cm。

5. 果实：蒴果，卵圆形，光滑有喙。

〖类型及品种〗

1. 同属其他栽培种。除木芙蓉（H.*mutabilis*）和木槿（H.*syriacus*）外，还有：

（1）吊灯扶桑（H.*schizopetalus*）：常绿直立灌木。小枝细瘦，常下垂，平滑无毛。叶

椭圆形或长圆形，两面均无毛。花单生于枝端叶腋间，花梗细瘦，下垂。花瓣5，红色，深细裂作流苏状，向上反曲。雄蕊柱长而突出，下垂。

（2）黄槿（H.*tiliaceus*）：常绿灌木或乔木。树皮灰白色。叶革质，近圆形或广卵形。花顶生或腋生，常数花排列成聚伞花序，花冠钟形，花瓣黄色。

2. 夏威夷扶桑（*Hawaiian hibiscus*）。夏威夷扶桑是种间杂交种，品种极其繁多：有单瓣、复瓣和重瓣类型；花有大花和小花之分；花色有纯白、灰白、粉、红、深红、橙红、橙黄、黄和茶褐等色。

3. 主要变种。斑叶扶桑（*Hibiscus rosa-sinensis var.cooperi*）：叶上有红色和白色斑，为观叶变种。

〖观赏期〗花期长，全年有花，夏、秋最盛。

〖园林用途〗北方重要的盆栽花卉之一。花色鲜艳，是布置花坛、会场、展览会等的良好材料。在我国南方地区可露地栽培，适于布置花墙、花篱等。

十七、栀子 *Gardenia jasminoides*（见图5—17）

〖别名〗栀子花、黄栀子、山栀子、白蟾花、林兰、木丹、越桃。

〖科属〗茜草科栀子属。

〖产地及分布〗原产于我国长江流域以南地区，四川蒲江县等地还有野生栀子花生长，现各地栽培较为普遍。

图5—17 栀子

〖识别要点〗

1. 株形株高：常绿灌木，株高 1～3 m。

2. 茎：嫩枝常被短毛，枝圆柱形，灰色。

3. 叶：叶对生，少为 3 枚轮生，革质，稀为纸质，倒卵形或矩圆状倒卵形，有短柄，全缘，顶端渐尖或短尖而钝，色翠绿，表面光亮。托叶膜质。

4. 花序和花：花单生于枝顶或叶腋，花冠高脚碟状。花大，白色或乳黄色，芳香。

5. 果实：果橙黄色，果期 10—11 月，果实具六纵棱。

〖类型及品种〗

1. 大叶栀子（f.*makino*）：也称大花栀子，栽培变型，叶大，花大而富浓香，重瓣，不结果。园林中应用较普遍。

2. 水栀子（var.*makino*）：又名雀舌栀子，植株矮小，花小，枝常平展匍地，叶小而狭长，重瓣。

3. 卵叶栀子（var.*ovalifolia*）：叶倒卵形，先端圆。

4. 狭叶栀子（var.*angustifolia*）：叶狭窄，野生于香港。

5. 斑叶栀子（var.*aureo-variegata*）：叶具斑纹。

6.'玉荷花'（'重瓣'栀子）（'Fortuneana'）：花较大而重瓣，径 7～8 cm，庭院栽培较普遍。

〖观赏期〗花期 6—8 月。

〖园林用途〗枝叶繁茂，翠绿光亮，花色洁白，香气浓郁，与茉莉、白兰同为香花三姊妹，是优良的香化、绿化、美化花木。北方盆栽适于庭院内摆放，也可制作成盆景观赏。南方可丛植、片植于绿地内，或配植于林缘、庭前、阶前、路旁，做绿篱效果亦佳。

【小知识】

栀子花的花语是"喜悦"，就如生机盎然的夏天充满了未知的希望和喜悦。栀子花有较强的抗有害气体及吸滞粉尘的能力。

十八、桂花 *Osmanthus fragrans*（见图 5—18）

〖别名〗木犀、岩桂、九里香、丹桂。

〖科属〗木犀科木犀属。

〖产地及分布〗原产于我国西南部喜马拉雅山东段，印度、尼泊尔、柬埔寨也有分布，在四川、云南、广东、广西、湖北、江西、浙江、安徽等地均有野生桂花生长。现广泛栽培于长江流域及其以南地区。

图 5—18　桂花

〖识别要点〗

1. 株形株高：常绿阔叶灌木至小乔木，株高可达 15 m。

2. 茎：树皮粗糙，灰褐色或灰白色，纵裂或有明显菱形皮孔。

3. 叶：单叶对生，革质，叶面有光泽或稍具光泽，叶表呈绿色或深绿色，叶背颜色较淡，叶长椭圆形，全缘、波状全缘、具锯齿或仅顶端有齿。

4. 花序和花：密伞形花序，基部有合生苞片，每花序有小花 3~9 朵，花梗纤细。花具芳香。花色因品种而异，有浅黄白、浅黄、橙黄和橙红等色。

5. 果实：核果 4—5 月成熟，暗紫蓝色，椭圆形，顶端渐尖，有喙。

〖类型及品种〗

1. 四季桂品种群（Semperflorens Group）：有‘月月’桂、‘日香’桂、‘佛顶珠’、‘天香台阁’等品种。

2. 金桂品种群（Thunbergii Group）：有‘大花金’桂、‘晚金’桂、‘柳叶苏’桂、‘潢川金’桂、‘圆瓣金’桂等品种。

3. 银桂品种群（Latifolius Group）：有‘籽’桂、‘早银’桂、‘晚银’桂、‘九龙’桂、‘白洁’等品种。

4. 丹桂品种群（Aurantiacus Group）：有‘大花丹’桂、‘籽丹’桂、‘桃叶丹’桂、‘硬叶丹’桂等品种。

〖观赏期〗花期 9—10 月。

〖园林用途〗树姿典雅，碧叶如云，四季常青，金秋时节香飘十里，令人陶醉，是珍贵的传统园林观赏花木。于庭前对植两株，即“两桂当庭”“双桂留香”；玉兰、海棠、牡丹和桂花同栽庭前，取“玉堂富贵”之意，是传统的配植手法。应用于园林绿化中，可植于道路两侧、假山、草坪、院落等地，也适用于山岭、丘陵、山谷等特殊地势和地形，大面积栽植可形成桂花山、桂花岭。还可与秋色叶树种混栽，有色有香，是点缀秋景的好材料。淮河以北地区常桶栽或盆栽，用于布置会场、大门。也可作切花。

十九、锦带花 *Weigela florida*（见图 5—19）

〖别名〗五色海棠、连萼锦带花、文官花。

〖科属〗忍冬科锦带花属。

〖产地及分布〗原产于我国辽东、华北一带。

图 5—19 锦带花

〖识别要点〗

1. 株形株高：落叶灌木，株高约 3 m。

2. 茎：枝条细，幼枝有两行短柔毛。

3. 叶：单叶对生，卵形至椭圆形，缘有锯齿，表面脉上有毛，背面尤密。

4. 花序和花：花 1～4 朵组成聚伞花序，生于小枝顶端或叶腋。萼片五裂，披针形，下半部联合。花冠漏斗状钟形，初为白色，后转为玫瑰红色，里边较淡。

5. 果实：蒴果，柱形，顶部有短柄状喙，种子微小无翅，8—10 月成熟。

〖类型及品种〗

1. 同属其他栽培种。锦带花属植物有 10 余种，常见的栽培种还有：

（1）海仙花（W.*coraeensis*）：小枝粗壮，叶阔椭圆形，先端尾尖。花初开黄白色或淡粉色，渐变深粉色，萼片开裂达基部。花期 5—6 月。种子有翅。耐寒性不如锦带花，原产于日本中南部及朝鲜。

（2）路边花（W.*floribunda*）：枝细有短毛，花深红色，5 月及 8 月两次开花。原产于日本。

（3）日本锦带花（W.*japonica*）：花初开时为白色，后变红色，柱头伸出花冠外，果实光滑。原产于日本。

（4）早锦带花（W.*praecox*）：叶两面有柔毛，花淡粉色至紫红色，花期 4 月。原产于俄罗斯及朝鲜。

2. 栽培品种。国内、外通过杂交育种，已选出 100 多个园艺品种及类型，主要有：

（1）‘红花’（‘红王子’）锦带花（‘Honghua Jindai’）：花鲜红色，繁密而下垂。

（2）‘繁花’锦带花（‘Fanhua Jindai’）：单株花量极多，似锦团压枝。

（3）美丽锦带花（var.*venusta*）：叶较小，花较大而多，花冠玫瑰紫色，裂片短。

（4）白花锦带花（f.*alba*）：花近白色。

（5）‘变色’锦带花（‘Versicolor’）：初开始白绿色，后变红色。

（6）‘花叶’锦带花（‘Variegata’）：叶缘为白色至黄色，花粉红色。

（7）‘紫叶’锦带花（‘Foliis Purpureis’）：叶带褐紫色，花紫粉色。

〖观赏期〗花期 4—6 月。

〖园林用途〗花繁色艳，花期长，可丛植于草坪、路边、假山、坡地、建筑物前、庭院角隅、公园湖畔，也可在林缘、树丛边密植作自然式花篱、花丛。或作盆景，花枝也可作切花。

【小思考】

锦带花和海仙花的区别是什么呢？

二十、猬实 *Kolkwitzia amabilis*（见图 5—20）

〖科属〗忍冬科猬实属。

〖产地及分布〗产于我国中部及西北部。

〖识别要点〗

1. 株形株高：落叶灌木，株高达 3 m。

2. 茎：幼枝红褐色，被短柔毛及糙毛，老枝光滑，茎皮剥落。

图 5—20 猬实

3. 叶：单叶对生，叶卵形至卵状椭圆形，长 3～7 cm，端渐尖，基部圆形，缘疏生浅齿或近全缘，两面疏生柔毛。

4. 花序和花：伞房状聚伞花序生侧枝顶端，花序中小花梗具 2 花，2 花的萼筒下部合生，萼筒外部生耸起长柔毛，在子房以上缢缩似颈，裂片 5。花冠钟状，粉红色至紫色，裂片 5，其中 2 片稍宽而短。

5. 果实：具 1 种子的瘦果状核果，外面有刺刚毛，冠以宿存的萼裂片。

〖观赏期〗花期 5—6 月。

〖园林用途〗树姿优美，着花茂密，花色娇艳，果形奇特，是国内、外著名的观花灌木。宜丛植于草坪、角隅、径边、屋侧及假山旁，也可盆栽或作切花用。

【小知识】

猬实为稀有种，是我国特有的单种属，属于我国国家三级保护树种。由于不合理开垦和过度放牧，加之樵采频繁，植被破坏严重，致使猬实生存环境恶化，天然更新不良，植株日趋稀少。

二十一、红瑞木 *Cornus alba*（见图 5—21）

〖科属〗山茱萸科梾木属。

〖产地及分布〗分布于我国东北三省、内蒙古及河北、陕西、山东等地。朝鲜、俄罗斯也有分布。

图 5—21 红瑞木

〖识别要点〗

1. 株形株高：落叶灌木，株高可达 3 m。

2. 茎：树皮紫红色；幼枝有淡白色短柔毛，后即秃净而被蜡状白粉，老枝红白色，散生灰白色圆形皮孔及略为突起的环形叶痕。

3. 叶：叶对生，卵形或椭圆形，长 4 ~ 9 cm，叶端尖，叶基圆形或广楔形，全缘，侧脉 5 ~ 6 对，叶表暗绿色，叶背粉绿色，两面均疏生贴生柔毛。

4. 花序和花：花小，黄白色，排成顶生的伞房状聚伞花序。

5. 果实：核果，斜卵圆形，成熟时白色或稍带蓝色。果熟期 8—9 月。

〖类型及品种〗有银边、黄边等变种。

〖观赏期〗全年观茎。花期 5—6 月。

〖园林用途〗枝条终年鲜红色，秋叶也为鲜红色，落叶后枝干红艳如珊瑚，小果洁白，均美丽可观。最宜丛植于庭院草坪、建筑物前或常绿树间，也可栽作自然式绿篱，赏其红枝与白果。根系发达，又耐潮湿，植于河边、湖畔、堤岸上，有护坡固土的效果。

【小思考】

红瑞木是少有的观茎植物，想一想，园林中用于观茎的植物还有哪些？

二十二、棣棠 *Kerria japonica*（见图 5—22）

〖科属〗蔷薇科棣棠属。

〖产地及分布〗产于我国河南、湖北、湖南、江西、浙江、江苏、四川、云南、广东等地。日本也有分布。

图 5—22 棣棠

〖识别要点〗

1. 株形株高：落叶丛生无刺灌木，株高 1.5 ~ 2 m。

2. 茎：枝条终年绿色。

3. 叶：叶卵形至卵状椭圆形，长 4 ~ 8 cm，先端长尖，基部楔形或近圆形，缘有尖锐重锯齿，背面略有短柔毛。

4. 花序和花：花金黄色，径 3 ~ 4.5 cm，单生于侧枝顶端。

5. 果实：瘦果，黑褐色，生于盘状花托上，萼片宿存。

〖类型及品种〗变型有：

1. 重瓣棣棠 [f.*pleniflora*（Witte）Rehd.]：花重瓣。

2. 金边棣棠（f.*aureo-variegata* Rehd.）：叶缘黄色。

3. 银边棣棠 [f.*picta*（Sieb.）Rehd.]：叶缘白色。观赏价值更高，并可作切花材料，在园林、庭院中栽培更普遍。

〖观赏期〗花、叶、枝俱美，花期 4 月下旬至 5 月底。

〖园林用途〗花色金黄，枝叶鲜绿。花期从春末到夏初，重瓣棣棠可陆续开花至秋季。可丛植于篱边、墙际、水畔、坡地、林缘及草坪边缘，或栽作花境、花篱，或与假山配植。

【小思考】

蔷薇科有一种叫鸡麻的植物，它与棣棠花很相似。请大家在网上查一查如何区别这两种植物。

二十三、瑞香 *Daphne odora*（见图 5—23）

〖别名〗睡香、蓬莱花、露甲、风流树。

〖科属〗瑞香科瑞香属。

〖产地及分布〗原产于我国长江流域及陕西、甘肃、贵州、云南、广西、广东、福建、台湾及四川等地。

图 5—23　瑞香

〖识别要点〗

1. 株形株高：常绿灌木，株高 1.5～2 m。

2. 茎：枝粗壮，通常二歧分枝，小枝近圆柱形，紫红色或紫褐色，无毛。

3. 叶：叶互生，长椭圆形至倒披针形，长 5～8 cm，先端钝或短尖，基部狭楔形，全缘，无毛，质较厚，叶多聚生于枝顶，浓绿色，具蜡质光泽。

4. 花序和花：头状花序顶生，淡紫色或白色，有芳香。

5. 果实：核果肉质，圆球形，红色。

〖类型及品种〗常见的品种及变种有：

1. 金边瑞香（var.*aureo*）：叶缘金黄色，花外面紫红色，内面粉白色。

2.‘毛瑞香’（‘Atrocaulis’）：花白色，花被外侧密生黄色绢毛。

3.‘蔷薇红瑞香’（‘Rosacea’）：花淡红色。

同属其他种有：白瑞香（D.*paphyracca*），花白色，簇生；黄瑞香（D.*giraldii*），小灌木，花黄色。

〖观赏期〗花期 3—4 月。

〖园林用途〗枝干丛生，四季常绿，早春开花，香味浓郁，有较高的观赏价值。作园林布置时，宜种植于花坛、公园的建筑物旁、假山的阴面、树丛前侧。也适于作盆栽，布置于门前、厅堂、居室等，是园林盆栽的名贵香花之一。

思考与练习

1. 什么是木本花卉？
2. 木本花卉根据什么分类？可分为几类？各有哪些代表花卉？
3. 列表描述本章中学习的木本花卉的识别要点。
4. 列举你所在地区常见的 10 种木本花卉，并说明其园林用途。

实训六　常见木本花卉的识别

一、实训目的与要求

能够依据木本花卉的分类，识别常见的木本花卉。

二、实训材料与用具

1. 材料：当地木本花卉材料 20～30 种。
2. 用具：卷尺、标本夹、修枝剪等。

三、实训内容

1. 标本采集

从校园、花卉基地、植物园等地采集 20～30 种木本花卉的茎、叶、花、果实等标本。

2. 观察记载

仔细观察各种木本花卉的茎干、叶、花、果实等器官的形态特征，并将观察结果记入

下表中。

（1）茎干特征观察：树干的光滑情况，树皮是否开裂、裂纹的形式，树干的色彩等。

（2）叶的形态特征：叶片的质地（纸质、革质），叶的形状，叶的颜色及其他特征。

（3）花的形态特征：花序种类，花色，花朵大小，花瓣特点等。

（4）果实的形态特征：果实的类型、大小、颜色等。

3. 分析判断

根据观察的结果，结合各种木本花卉的主要特征，判断每种木本花卉的类型（乔木、灌木、藤本）。

四、考核评估

1. 优秀：全部分析判断正确。
2. 良好：85% 以上分析判断正确。
3. 中等：70% 以上分析判断正确。
4. 及格：60% 以上分析判断正确。

种类	科、属	茎干特征	叶的形态特征	花的形态特征	果实的形态特征	木本生花卉类型

第六章

温室观花类盆栽花卉识别

第一节
温室花卉基础知识

一、概念

1. 温室花卉

温室花卉指在当地需要在温室等保护设施中栽培才能完成生长发育过程的花卉。一般原产于热带、亚热带及南方温暖地区的花卉，在寒冷地区必须在温室内栽培或在温室内保护越冬。

2. 观花类盆栽花卉

观花类盆栽花卉是指栽培于花盆、花槽等容器中，花色鲜艳，花期较长，以观花为目的的花卉。

二、温室观花类花卉的类型

温室观花类花卉可分为温室草本观花类花卉和温室木本观花类花卉两类。

1. 温室草本观花类花卉

温室草本观花类花卉是指二年生花卉、宿根花卉、球根花卉中需要在温室栽培或保护越冬的花卉，如瓜叶菊、天竺葵、大花君子兰、朱顶红等。

2. 温室木本观花类花卉

温室木本观花类花卉是指可以矮化盆栽、以观花为目的的常绿小乔木、灌木或木质藤本，如含笑、西洋杜鹃、一品红、倒挂金钟等。

三、盆栽花卉的选择标准

盆栽花卉的选择一般根据生产设施、技术水平和市场需求来选择盆栽花卉。此外，选

择盆栽花卉时还应考虑以下几个方面：

1. 植株要优美，株高相对适中，能与花盆相协调，同时能适应多种场合的装饰应用。

2. 抗性和适应性要强，并且对温度、光照和水分等环境条件要求不特别严格。

3. 对养护要求较低，管理措施较为简单。

第二节

常见温室草本观花类盆栽花卉识别

一、瓜叶菊 *Senecio Cineraria*（见图 6—1）

〖别名〗千日莲、瓜叶莲、千叶莲。

〖科属〗菊科千里光属。

〖产地及分布〗原产于北非、加那利群岛，现北半球各国广泛栽培。

图 6—1　瓜叶菊

〖识别要点〗

1. 株形株高：多年生草本，常作一二年生栽培。植株高矮不一，矮的仅 20 cm，高的可达 90 cm。全株密被柔毛。

2. 茎：直立，草质。

3. 叶：叶大，互生，心状卵形，叶面皱缩，叶缘波状，掌状脉，形似黄瓜叶；茎生叶叶柄有长翼，基部耳状，基生叶叶柄无翼。

4. 花序和花：头状花序单瓣或重瓣状，径 3.5～12 cm，多数聚生成伞房状。花色丰富，有蓝色、紫色、红色、淡红色及白色，还有间色品种，具光泽，但无黄色。

5. 果实：瘦果，纺锤形，有白色冠毛。

〖类型及品种〗园艺品种众多，分类较困难，可按花形大致分为四类：

1. 大花型：株高 30～50 cm，花大且密集，花径 4 cm 以上，花梗较长；花色有白色到深红色以及蓝色，但一般多为暗紫色。

2. 星花型：株高 60～80 cm，花较小且多，一株着花 120 朵左右，花径 2 cm，舌状花反卷，疏散呈星网状，有红、粉、紫、紫红等花色。

3. 多花型：株高 25 cm 左右，叶片较小，着花极多，一株可达 400～500 朵，花色丰富。

4. 中间型：花径较星花类大，约 3.5 cm，株高 40 cm，多花性，宜盆栽。

〖观赏期〗花期 12 月至翌年 5 月，盛花期 2—5 月。

〖园林用途〗重要的温室花卉，花色丰富而艳丽，是元旦、春节期间的主要观赏盆花之一。可在断霜期移至露天作花坛材料，十分鲜艳夺目。

【小知识】

瓜叶菊的花语是喜悦、阖家欢乐、繁荣昌盛，适宜在春节期间送给亲朋好友。此花色彩鲜艳，可表达美好心意。

二、报春花类 *Primula* spp.

〖科属〗报春花科报春花属。

〖产地及分布〗报春花属全世界约有 500 种，绝大多数分布于北半球温带和亚热带高山地区，少数产于南半球。我国约有 390 种，主要分布于四川、云南和西藏南部，陕西、湖北、贵州次之，其余各省很少。

〖识别要点〗

1. 株形株高：多年生草本，常作一二年生栽培，株高约 30 cm。

2. 茎：不明显。

3. 叶：叶基生，莲座状。

4. 花序和花：花冠漏斗状或高脚碟状，5 裂，在花莛上排成伞形、总状、头状花序，或单生于叶丛中；雄蕊 5，贴生于花冠筒上或冠喉部，与花冠裂片同数而对生，内藏；花有红、橙、黄、蓝、紫、白等色。

5. 果实：蒴果，球形或圆柱形，种子多数而细小。

〖类型及品种〗

1. 报春花（P.*malacoides*）：又称小花樱草、七重楼。株高约 45 cm，全株被白粉。叶具长柄，叶片卵圆形，叶基心形，边缘浅波状，叶面皱。花冠高脚碟状，径约 1.2 cm，花莛高 15～30 cm，轮伞花序 2～7 层，每层具花 4～6 朵，有香气。原种花有白、淡紫、粉红至深红等色。现代品种植株全体均变大，花径可达 3 cm，有单瓣、重瓣、裂瓣、巨型和花莛上花朵缩成球形的矮生种等，花有紫、猩红、橙红、玫红、桃红、白等色。花期冬、春季。如图 6—2 所示。

2. 藏报春（P.*sinensis*）：又称中国樱草、年景花。株高 15～30 cm，全株密被腺毛。叶具长柄，叶片大，椭圆形或卵状心形，边缘有缺刻，叶背红色。轮伞花序 2～3 层，每层具花 6～10 朵；花冠高脚碟状，径约 3 cm。原种花玫瑰紫色；现代品种花形更大，花有桃红、橙、深红、蓝及白等色。花期冬、春季。如图 6—3 所示。

3. 鄂报春（P.*obconica*）：又称四季报春、仙鹤莲。株高约 30 cm，全株被白色茸毛。叶椭圆形至长卵形，叶缘浅波状或缺刻，叶面光滑，叶背密生白色柔毛。伞形花序常着花一轮，具花 10～15 朵；花莛高达 30 cm。原种花小，淡紫色至玫瑰紫色，喉部黄色，花冠漏斗状，径约 2.5 cm。现代品种花形变大，个别品种花径达 5 cm，花有红、橙、紫、蓝等色，非常鲜艳。花期冬、春季。在云南昆明全年开花不断，故名四季报春。如图 6—4 所示。

4. 多花报春（P.*polyantha*）：又称西洋报春。株高 15～30 cm。叶倒卵圆形，叶基渐狭成有翼的叶柄，花梗比叶长。伞形花序多数丛生。花大，花色丰富，有红、粉、黄、紫、蓝、白等色，并有“金边”品种。花期春季。如图 6—5 所示。

〖观赏期〗冬、春季。

〖园林用途〗种类繁多，花色鲜艳，形态优美，花期长，可盆栽点缀客厅、居室、书房。其中一些较耐寒种类在较温暖的地区，如广东、广西、云南等，可露地栽植于假山园、岩石园内，或用作露地花坛花卉。少数种类还可作切花栽培。

图 6—2　报春花

图 6—3　藏报春

图 6—4　鄂报春

图 6—5　多花报春

【小思考】

园林中常见的报春花、藏报春、鄂报春和多花报春，它们的主要区别是什么？

三、蒲包花 *Calceolaria herbeohybrida*（见图 6—6）

〖别名〗荷包花。

〖科属〗玄参科蒲包花属。

〖产地及分布〗原产于墨西哥、秘鲁、智利，澳洲和新西兰也有分布，现世界各国温室均有栽培。

图 6—6　蒲包花

〖识别要点〗

1. 株形株高：多年生草本，常作一二年生栽培。株高 20 ~ 40 cm，茎叶被细茸毛。

2. 茎：绿色，直立，上部分枝。

3. 叶：叶对生，卵形至卵状椭圆形，全缘，叶钝圆，叶脉凹陷，常呈黄绿色。

4. 花序和花：聚伞花序顶生，花冠二唇形，上唇小，前伸，下唇膨胀呈荷包状；花径3～4 cm。花色丰富，单色品种有白、乳白、淡黄、黄、红、紫等色，复色品种则在各种颜色的底色上，具有橙、粉、褐、红等色斑或色点。

5. 果实：蒴果，5—6 月成熟，种子细小、多数。

〖类型及品种〗

1. 大花系：花径 3～4 cm，花色丰富，多为有色斑者。

2. 多花矮性系：花径小，着花数多而植株低矮，耐寒性强。

3. 多花矮性大花系：介于前两者之间，较大花系花径小，具多花性。目前栽培的蒲包花几乎全属于大花系和多花矮性大花系品种。

〖观赏期〗花期 2—5 月。

〖园林用途〗花形奇特，色彩鲜艳，早春开花，花期较长。对室温要求不太高，为室内盆花之精品。可室内陈设、观赏，补充冬季观花花卉的不足。

四、大花君子兰 *Clivia miniata*（见图 6—7）

〖别名〗君子兰、箭叶石蒜、达木兰。

〖科属〗石蒜科君子兰属。

图 6—7 大花君子兰

〖产地及分布〗原产于非洲南部，现世界各地广泛栽培。

〖识别要点〗

1. 株形株高：常绿宿根草本，株高 30 ~ 50 cm。根肉质细棒状，白色，不分枝。

2. 茎：叶基形成假鳞茎。

3. 叶：叶在基部两列状交互叠生，宽带形，全缘，革质，深绿色有光泽，排列整齐，呈扇形。

4. 花序和花：花莛自叶丛抽出，实心、粗壮、肉质、扁平，略高于叶丛。顶生伞形花序，有小花数十朵，小花漏斗形，橙红色至橙黄色。

5. 果实：浆果，球形，初为绿色或深绿色，成熟后紫红色。每果实具种子 1 ~ 46 粒，种子大，球形。

〖类型及品种〗通过人工杂交，选育出不少名贵品种。目前，君子兰的栽培品种根据其株形大小、叶片长短、长宽比例、叶尖形状、叶脉隐显和花色、果型等区分。总的来说，叶片以短而宽、厚而硬、叶面鲜而有光泽、挺拔而整齐、叶端浑圆、脉纹凸起为良种；花朵大而呈黄色为精品。在日本，君子兰的观叶种比观花种更受重视，而美国、欧洲着重于花色的改良。

〖观赏期〗可全年开花，但以春、夏季为主。

〖园林用途〗花、叶、果均美，观赏期长，又耐阴，为重要的观叶、观花植物，是布置会场、楼堂馆所和美化家居环境的名贵花卉。

【小知识】

君子兰理想品种的标准

标准简称	内容
圆	叶片的头形要圆，呈卵形，不带任何急尖，叶片无七长八短的现象
短	叶长 20 cm 左右，叶脖短且收得急，单叶似乒乓球拍形
宽	叶宽大于 10 cm，且两条纵脉的脉挡要宽（0.5 cm 以上）
厚	叶厚要大于 2 mm
硬	叶片具弹性，手感坚硬不糠
花	叶片与叶脉在色泽上的反差要大
亮	叶片光亮润泽
蹦	叶脉明显凸起粗壮，纵横脉相交成直角，形成规则的凹凸状
腻	叶片结构细腻，手感滑润
挺	叶片挺拔向上，排列整齐，侧观一条线，正视如扇面

五、四季秋海棠 *Bedding begonia*（见图 6—8）

〖别名〗蚬肉秋海棠、瓜子海棠、玻璃翠。

〖科属〗秋海棠科秋海棠属。

〖产地及分布〗原产于南美巴西。

图 6—8 四季秋海棠

〖识别要点〗

1. 株形株高：多年生常绿草本，株高 15～40 cm。

2. 茎：直立，多分枝，半透明略带肉质，光滑。

3. 叶：叶互生，有光泽，卵形至广椭圆形，叶缘有锯齿，绿色或淡紫红色。

4. 花序和花：聚伞花序腋生，数朵成簇，有白、粉红、深红等花色。

5. 果实：蒴果，三棱形，初时绿色，成熟时淡褐色，内含多数、微细的种子。

〖类型及品种〗园艺品种有很多，根据花色、花径大小、叶色、单瓣或重瓣等大致分为以下类型：

1. 矮型品种：植株低矮，花单瓣，有粉、白、红等花色，叶绿色或褐色。

2. 大花品种：花单瓣，花径较大，可达 5 cm，有白、粉、红等花色，叶绿色。

3. 重瓣品种：花重瓣，不结实；有粉、红等花色，叶色绿色或古铜色。

〖观赏期〗花期全年，夏季略少。

〖园林用途〗姿态优美，叶色娇嫩光亮，花朵成簇，四季开放，且稍带清香，为小

型盆栽花卉，适宜装饰家庭书桌、茶几、案头和商店橱窗等。有些品种还可配植花坛和花墙。

【小知识】

在传统生产中，四季秋海棠被作为多年生的温室盆栽花卉。它具有株形圆整、花多而密集、极易与其他花坛植物配植、观赏期长等优点，因此常用来布置花坛。

六、仙客来 *Cyclamen persicum*（见图 6—9）

〖别名〗兔子花、兔耳花、萝卜海棠、一品冠。

〖科属〗报春花科（仙客来属）。

〖产地及分布〗原产于南欧及地中海一带，现为世界著名花卉，各地都有栽培。

图 6—9 仙客来

〖识别要点〗

1. 株形株高：多年生球根植物，株高 20～30 cm。

2. 茎：球茎扁圆形，外被木栓质。

3. 叶：叶丛生球茎顶端，叶大，心形，肉质，边缘具锯齿，表面深绿色，带有灰白色或淡绿色斑纹，背面紫红色；叶柄长，褐红色。

4. 花序和花：花大，单生于自叶丛中抽出的细长花梗上；花瓣 5 枚，基部成短筒；花蕾时期花瓣先端下垂，开花时上翻，形如兔耳；有白、粉、淡红、绯红、玫红、紫红、雪青等花色。

5. 果实：蒴果，球形，种子褐色。

〖类型及品种〗园艺品种繁多，至今尚无统一的分类标准，依花形、花色、植株大小、外观特征可分为：

1. 大花系：花大、色艳、品种繁多，观赏价值高，为冬季主要盆栽花卉。对温度要求严格，较难养。

2. 中型系：株形紧凑，丰花密集，花中型。该系中也有植株矮小、开大花、易栽培的品种。

3. 杂交一代系：仙客来纯合体杂交一代。其特点是生长健壮，开花整齐，抗病力强。

4. 微型系：又称迷你系，该系小巧玲珑，能在手上观赏，花小如指甲盖，常带香味。

5. 巨大花系：也称拉丁系，花大。

〖观赏期〗花期 12 月至翌年 5 月。

〖园林用途〗株形美观，花繁色艳，花形奇特，高矮适中，花期长达半年之久，有的还有甜蜜香味。宜盆栽，用于点缀花架、几案、书桌。近年新育成的品种，花梗长，宜作切花之用。

【小知识】

仙客来具有净化空气的功能，它能通过叶片吸收二氧化硫，并将其转化为无毒或者低毒的硫酸盐等物质，它对其他一些有害气体也有一定的吸收能力。除此之外，仙客来还能增加室内空气中的负离子含量，提高空气湿度。这样看来，把它摆放在家中是再适当不过的了。

七、新几内亚凤仙 *Impatiens hawkeri*（见图 6—10）

〖别名〗五彩凤仙花。

〖科属〗凤仙花科凤仙花属。

〖产地及分布〗亲本原产于新几内亚、爪哇岛和西里伯岛，经最近 30 多年的驯化、育种而成。

〖识别要点〗

1. 株形株高：多年生常绿草本。植株挺立，株丛低矮，株高 25 ~ 30 cm。

2. 茎：茎肉质，光滑，青绿色或红褐色，茎节突出，易折断。

3. 叶：叶互生，有时上部轮生状，叶片卵状披针形，叶表有光泽，叶脉清晰，叶缘具锐锯齿，叶色绿色、深绿色、古铜色。叶脉及茎的颜色常与花的颜色有相关性。

4. 花序和花：花单生叶腋（偶有两朵花并生于叶腋的现象），或数朵呈伞房花序，花柄长，基部花瓣衍生成距，花色极为丰富，有洋红、雪青、白、粉、紫、橙等色。

图 6—10　新几内亚凤仙

〖类型及品种〗目前栽培的为其园艺品种，包括盆花品种和花坛品种，生长快而整齐，适合工厂化育苗。

〖观赏期〗全年。花期 6—8 月。

〖园林用途〗株形优美，开花繁茂，花朵大，花色丰富、娇美，花期长，是近年来人们喜欢的适合盆栽观赏和吊盆观赏的新潮花卉，可用来装饰案头、墙几。温暖地区或温暖季节可布置于庭院或花坛、花境中。

【小知识】

衡量新几内亚凤仙盆栽花卉品质的标准

叶色：叶色纯正、新鲜、有光泽，叶片水平或直立生长，叶片小或中等大小。

整个植株：整体和谐、紧凑，分枝好，生长有劲。

花：花大，花挺立于叶片上，花和叶对比度大，花色纯正、亮丽。

八、花烛类 *Anthurium* spp.

〖科属〗天南星科花烛属。

〖产地及分布〗原产于美洲热带。

〖识别要点〗

1. 株形株高：常绿宿根花卉，株高 20～50 cm。

2. 茎：有茎或无茎，直立，稀蔓性。

3. 叶：叶常绿，革质，全缘或分裂。

4. 花序和花：佛焰苞卵圆形、椭圆形或披针形，革质，开展或弯曲，有深红、玫瑰红、粉、白、黄等色。肉穗花序黄或白色，直伸或卷曲。

〖类型及品种〗同属植物有600种以上。

1. 红掌（A.*andraeanum*）。别名哥伦比亚花烛、哥伦比亚安祖花、红鹤芋等。原产于南美洲哥伦比亚西南部热带雨林。多年生常绿草本，株高30～50 cm，茎甚短；叶革质，鲜绿色，长椭圆状心脏形，长柄四棱形。花茎高出叶面；佛焰苞宽心形，表面波状，有各种颜色；肉穗花序圆柱形，直立，带黄色。全年开花。主要作切花栽培。如图6—11所示。主要园艺品种有：

（1）'可爱花烛'（'Amoenum'）：佛焰苞深桃红色，肉穗花序白色先端黄色。

（2）'克氏花烛'（'Closoniae'）：佛焰苞大，长21 cm，宽达14 cm。

（3）'粉绿花烛'（'Rhodochlorum'）：株高达1 m，苞粉红，中心绿色，肉穗花序初开黄色后变白色等。

2. 安祖花（A.*scherzeranum*）。别名猪尾花烛、火鹤花。原产于哥斯达黎加、危地马拉。株高30～50 cm，直立。叶阔披针形，暗绿色，革质。花梗红色，佛焰苞长椭圆形，火焰红色，无光泽；肉穗花序扭曲为螺旋状。花多数，几乎全年开花。如图6—12所示。园艺变种很多，有各种花色。如佛焰苞有紫色带白斑、白色、红色、黄色、白底粉点、绿带红斑、鲜红色、红带白斑等变种。

3. 水晶花烛（A.*crystallinum*）。别名晶状安祖花。原产于哥伦比亚的新格拉纳达。茎上多数叶密生；叶阔心脏形，暗绿色，有天鹅绒般光泽，叶脉粗，银白色，叶背淡紫色。花茎高出叶上；佛焰苞带褐色，细窄，肉穗花序圆柱形，黄绿色。其为优良的中小型观叶花卉。如图6—13所示。

〖观赏期〗全年。

图6—11 红掌

图 6—12　安祖花

图 6—13　水晶花烛

〖园林用途〗叶及花皆美丽，佛焰花序其佛焰苞硕大，肥厚具蜡质，有金属光泽，花色丰富，花形奇特，花期极长，给人热情明快的感觉，对环境有很好的装饰效果。应用范围广，经济价值高，是目前全球发展较快、需求量较大的高档热带切花和盆栽花卉。

【小思考】

想一想，红掌和安祖花可以从哪些方面加以区别？

九、小苍兰 *Freesia refracta*（见图 6—14）

〖别名〗香雪兰、小菖兰、洋晚香玉。

〖科属〗鸢尾科香雪兰（小苍兰）属。

〖产地及分布〗原产于非洲南部好望角一带。

图 6—14　小苍兰

〖识别要点〗

1. 株形株高：多年生草本。

2. 茎：茎柔弱，少分枝。

3. 叶：叶二型，基生叶叶片线状剑形，先端长尖，两列互生；茎生叶短小。

4. 花序和花：穗状花序着生茎顶，花穗斜上或平生，着花 6～8 朵偏生一侧，芳香。苞片膜质、白色；花被狭漏斗状，边缘 6 浅裂，有黄、白或蓝等花色。

5. 果实：蒴果，成熟期 5 月。

6. 地下变态根器种类：地下球茎长卵形。

〖类型及品种〗主要变种有：

1. 白色香雪兰（var.*alba*）：叶片与苞片均较宽；花大，纯白色，筒内黄色。

2. 鹅黄香雪兰（var.*leichtinii*）：花茎着花 3～7 朵，鲜黄色，花被片边缘橙红色，有香气。园艺品种较多，花色丰富，大花型，多为四倍体品种。

〖观赏期〗春季，花期 2—3 月。

〖园林用途〗株态清秀、挺拔，花色浓艳，芳香馥郁，是人们喜爱的冬季室内盆栽花卉，也是优良的香花切花材料。在温暖地区，作花坛、花境材料或自然片植效果好。

【小知识】

小苍兰因花色纯白如雪，花香清幽似兰，故得名香雪兰。

十、马蹄莲 *Zantedeschia aethiopica*（见图 6—15）

〖别名〗慈菇花、水芋、观音莲、海芋。

〖科属〗天南星科马蹄莲属。

〖产地及分布〗原产于非洲南部的河流旁或沼泽中。我国广泛栽培的为本种。

〖识别要点〗

1. 株形株高：多年生草本，株高 60～100 cm。

2. 茎：花序梗自叶丛中抽出，与叶等高。

3. 叶：叶基生，叶片卵状箭形或戟形，具平行脉；叶片亮绿色有光泽，先端短尖，全缘。叶柄长，基部鞘状。

4. 花序和花：佛焰苞白色或乳白色，宽大，先端尖，状若马蹄形；佛焰苞中央为黄色肉穗花序，花小单性，无花被；花序上部着生雄花、下部为雌花。芳香。

5. 果实：浆果，近球形。

6. 地下变态根器种类：地下具粗大肉质块茎。

图 6—15　马蹄莲

〖类型及品种〗同属植物有 7 种。目前切花栽培的彩色马蹄莲是杂交种，主要有黄色佛焰苞的下列种及其品种。它们的叶有白色或透明斑点，夏季开花，冬季休眠。

1. *Z.pentlandii*：佛焰苞金黄色，喉部紫红色。

2. 黄花马蹄莲（*Z.elliottiana*）：佛焰苞深黄色，外侧黄绿色。

3. *Z.chromatello*：佛焰苞浅黄色，喉部紫红色。

红色佛焰苞的主要是红花马蹄莲（*Z.rehmanni*）。它植株低矮，株高 40～50 cm，叶有白色或透明斑点，品种多，佛焰苞为红、紫红、粉红等色。

此外，杂交品种的佛焰苞色彩丰富，有乳白、粉、黄、红、紫等色。

〖观赏期〗观赏期很长，从 12 月至翌年 6 月，2—4 月为盛花期。

〖园林用途〗叶色翠绿，叶柄修长，苍翠欲滴，花茎挺拔，花朵苞片洁白硕大，宛若马蹄，秀嫩娇丽，鲜黄色的肉穗花序立于莲座上，给人以纯洁感，是优良的盆栽花卉，也是重要的切花材料。

【小思考】

马蹄莲的主要观赏部位是什么？马蹄莲切花有哪些应用形式？

十一、大岩桐 *Sinningia hybrida*（见图 6—16）

〖别名〗六雪泥、落雪泥。

〖科属〗苦苣苔科大岩桐属。

图 6—16　大岩桐

〖产地及分布〗原产于巴西，现广泛栽培，一般作温室培养。

〖识别要点〗

1. 株形株高：多年生草本，株高 15～25 cm，全株密生白绒毛。

2. 茎：地上茎极短，绿色，常在两节以上转变为红褐色。

3. 叶：叶对生，肥厚而大，长椭圆形，密生绒毛，边缘有钝锯齿；叶脉间隆起，叶背稍带红色。

4. 花序和花：花茎肉质而粗，自叶间抽出，每梗一花。花萼 5 角形，花冠阔钟形，裂片矩圆形。有红、白、粉、紫、堇青等色，也有镶白边的品种。

5. 果实：蒴果，种子褐色，细小而多。

6. 地下变态根器种类：块茎初为圆形后为扁球形，中部下凹，根着生于块茎四周。

〖类型及品种〗同属植物约有 75 种。有花深紫色、具白边、花深红色、花红色白边、花橙红色等常见品种，还有重瓣种。重瓣种有：

1.‘芝加哥重瓣’（‘Double Chicago’）：花淡橙红色，重瓣。

2.‘巨早’（‘Early Giant’）系列：花色有深紫具淡紫边、深红等，开花早，从播种至开花只需 4 个月。

3.‘重瓣锦缎’（‘Double Brocade’）：花有深红色、红色具紫色花心和白边、玫瑰红具白边、深红色具深紫色花心等，矮生，重瓣花，叶片小。

常见的同属观赏种有：

1. 细小大岩桐（S.*pusilla*）：属于迷你型大岩桐，花淡粉红色。其品种有‘白鬼怪’（‘Whitesprite’），花白色；‘小娃娃’（‘DollBaby’），花淡紫色。

2. 王后大岩桐（S.*regina*）：花淡紫红色。

3. 优雅大岩桐（S.*concinna*）：花淡紫色，喉部白色。

〖观赏期〗观赏期 5—10 月，夏季为盛花期。

〖园林用途〗叶色翠绿，花朵大，花色浓艳多彩，非常美丽，是温室名花。其花期可随栽植期的不同而异，花期长，尤其能盛开于夏季室内花卉较少的时期。可通过控制栽植期，为重大节日提供优美的室内布置材料。

十二、鹤望兰 *Strelitzia reginae*（见图 6—17）

〖别名〗天堂鸟、极乐鸟花。

〖科属〗旅人蕉科鹤望兰属。

〖产地及分布〗原产于非洲南部，现我国各地广泛栽培。

图 6—17　鹤望兰

〖识别要点〗

1. 株形株高：多年生常绿宿根草本，株高 1 ~ 2 m。

2. 茎：根肉质粗壮，茎不明显。

3. 叶：叶大，近基生，对生成两侧排列，革质；叶柄比叶片长 2 ~ 3 倍，有沟槽。

4. 花序和花：花茎顶生或生于叶腋间，高于叶片，着花 6～8 朵，顺次开放。小花花形独特，宛若仙鹤引颈遥望。总苞片长约 15 cm，外花被片 3，橙黄色；内花被片舌状，天蓝色。

〖类型及品种〗同属植物有 4 种。同属观赏种主要包括 5 个品种：

1. 白花天堂鸟：大型盆栽植物，丛生状，叶大，6—7 月开花，花大，花萼白色，花瓣淡蓝色。

2. 无叶鹤望兰：株高 1 m 左右，叶呈棒状，花大，花萼橙红色，花瓣紫色。

3. 邱园鹤望兰：白色天堂鸟与鹤望兰的杂交种，株高 1.5 m，叶大，柄长，春、夏季开花，花大，花萼和花瓣均为淡黄色，具淡紫红色斑点。

4. 考德塔鹤望兰：萼片粉红，花瓣白色。

5. 金色鹤望兰：1989 年新发现的珍贵品种，株高 1.8 m，花大，花萼、花瓣均为黄色。

〖观赏期〗观赏期 9 月至翌年 6 月。

〖园林用途〗叶大姿美，四季常青，花序色彩夺目，形状独特，成株一次能开花数十朵，有很高的观赏价值。盆栽点缀于厅堂、门侧或作室内装饰，能营造出热烈而高雅的气氛。在我国华南地区可用于庭院丛植或布置花境。还可作切花材料，夏季可水养 20 d 之久，冬季可长达 50 d 左右，故有“鲜切花之王”的美称。

【小知识】

鹤望兰花茎高于叶片，花序水平伸长，花外瓣橘黄色，内瓣亮蓝色，柱头纯白色，形似仙鹤昂首远望而得名，其学名是为纪念英王乔治三世王妃夏洛特皇后而取的。

第三节

常见温室木本观花类盆栽花卉识别

一、一品红 *Euphorbia pulcherrima*（见图 6—18）

〖别名〗象牙红、圣诞花、猩猩木、老来娇。

〖科属〗大戟科大戟属。

〖产地及分布〗原产于墨西哥及热带非洲，现世界各国广泛栽培。

〖识别要点〗

1. 株形株高：常绿，株高 0.6～3 m。

2. 茎：光滑，嫩枝绿色，老枝淡棕色。枝、叶含乳汁。

图 6—18　一品红

3. 叶：单叶互生，卵状椭圆形至宽披针形，全缘或波状浅裂，先端三角状；叶质较薄，脉纹明显；叶背有柔毛。

4. 花序和花：总苞片是主要观赏部位，呈叶片状，披针形，通常称作顶叶，开花时有红、黄、粉、白等色。总苞聚伞状排列，淡绿色，边缘有齿。花小，无花被，鹅黄色，着生于杯状总苞中央。

5. 果实：果椭圆形，褐色。

〖类型及品种〗常见的变种有：

1. 一品白（var.*alba*）：顶叶乳白色。

2. 一品粉（var.*rosea*）：顶叶粉红色。

3. 重瓣一品红（var.*plenissima*）：植株较矮，顶叶及部分花序瓣化，呈重瓣状，艳红色。

〖观赏期〗花期 12 月至翌年 2 月。

〖园林用途〗花色鲜艳，花期长，正值圣诞节、元旦、春节开花，是深受大众喜爱的冬季重要盆栽花卉。长江流域及以北省区温室盆栽，可用于布置厅堂、居室、会场等。华南可露地栽植于庭院作点缀材料，是组建花坛及室内绿化的优良花木。也可用作切花材料，制作花篮、花圈、插花等。国外作圣诞节日用花，故有“圣诞花”之称。

【小知识】

一品红盆栽花卉选购要点

1. 数花头：每一个单枝就叫一个花头，一般6个花头以下的为下等花，6~8个花头的为中等花，8个以上花头的为优等花。

2. 花头平齐：花头大小一致，均匀分布在一个球面上，密密匝匝簇拥在一起，冠高比大于1.0，最好是能大于1.3。这样的成品花看起来大方、舒展。

3. 看脚叶：把一品红捧起来，从侧面看它的脚叶。如果有很多叶片发黄脱落，则属于低质量盆栽花卉。枝干是否粗壮也是判断一品红好坏的一个重要标准。如果枝干徒长，节间拔得很高，从侧面一看枝干完全显露出来，那此花卉是次品。

4. 看花：一品红的观赏部位是苞片，但查看位于顶部的真正的花有助于判断一品红的质量。如果顶部小黄花大多数已经开放，侧芽上的小花也比较多，这就是“开过了”，这样的一品红大多花期短。

5. 动手：用手轻轻拨弄一下花冠，如果软塌塌的，那么花期较短。理想的一品红应该是枝叶比较坚挺，能够给人蓬勃向上的感觉。

二、倒挂金钟 *Fuchsia hybrida*（见图6—19）

〖别名〗吊钟海棠、灯笼海棠、吊钟花。

〖科属〗柳叶菜科倒挂金钟属。

图6—19 倒挂金钟

〖产地及分布〗原产于秘鲁、智利、墨西哥等中、南美洲国家。

〖识别要点〗

1. 株形株高：半灌木或小灌木，株高 30 ~ 150 cm。

2. 茎：小枝细长，纤弱光滑，平展或稍下垂，晕粉红或紫红色，老枝木质化明显。

3. 叶：叶对生或轮生，卵形至卵状披针形，叶缘具疏齿，叶面鲜绿色具紫红色条纹。

4. 花序和花：花生于枝上部叶腋，花梗细长而下垂；花萼下部合生成筒状。花瓣 4 枚，自萼筒伸出，常呈抱合状或略开展，也有半重瓣或带皱褶的；花色有白、粉红、橘黄、玫瑰紫及茄紫等色。

5. 果实：通常华而不实，难以结种。

〖类型及品种〗同属植物约有 100 种。常见的栽培观赏种有：

1. 白萼倒挂金钟（F.*alba-coccinea*）：园艺杂交种。茎及叶色均较浅。花萼白或乳白色，花瓣玫红、榴红或深紫色。

2. 长筒倒挂金钟（F.*fulgens*）：花较集中，生于枝上部叶腋，花形奇特。萼红色，裂片晕绿色，萼筒管状。

3. 短筒倒挂金钟（F.*magellarica*）：叶对生或 3 枚轮生。萼裂片长于筒部，筒部常圆球状，绯红色。花瓣蓝紫色。

4. 匍枝倒挂金钟（F.*procumbens*）：枝条平展延伸。花萼橙色。花瓣常缺。最宜盆栽悬挂观赏。

5. 三叶倒挂金钟（F.*triphylla*）：全株多茸毛。叶常 3 枚轮生，古铜或赤褐色。花集生枝端，小型，朱红色。较抗炎热。

〖观赏期〗自然花期 11 月至翌年 4 月，温室栽培四季均有花开。

〖园林用途〗花形奇特，花朵秀丽，色彩艳丽，盛开时犹如一个个悬垂倒挂的彩灯，可增添节日的热闹气氛，是优良的室内盆栽花卉，暖地可地栽布置花坛，也可作瓶插材料。

【小知识】

倒挂金钟的花本身是一种药材，在其生长过程中可净化居室空气，有效防止蚊虫滋生，因此是一种难得的家居花卉。

三、米兰 *Aglaia odorata*（见图 6—20）

〖别名〗米仔兰、树兰、鱼子兰、碎米兰。

〖科属〗楝科米仔兰属。

〖产地及分布〗原产于我国南部各省及亚洲东南部。

图 6—20 米兰

〖识别要点〗

1. 株形株高：常绿灌木或小乔木。

2. 茎：茎干灰白色，嫩枝常有星状锈色鳞片，多分枝，小枝密集。

3. 叶：奇数羽状复叶互生，叶轴具狭翼；小叶 3～7 枚，对生，顶生小叶较大，小叶倒卵形或倒卵状椭圆形，纸质，全缘或略带波纹，叶亮绿有光泽。

4. 花序和花：圆锥花序腋生，花小而密，像小米粒，黄色，极具芳香。

5. 果实：浆果，卵圆形或近球形，种子有肉质假种皮。

〖类型及品种〗

1. 小叶米仔兰。与米兰的主要区别在于：叶通常具小叶 5～7 枚，间有 9 枚，狭长椭圆形或狭倒卵状长椭圆形，长 4 cm 以下，宽 8～15 mm。产于海南，生于低海拔山地的疏林或灌木林中，我国南方各省区有栽培。

2. 四季米兰。四季开花，夏季开花最盛。花期长，花序密，花香如幽兰。

3. 台湾米兰。叶形较大，小叶 7～11 枚，开花略小，其花常伴随新枝生长而开。产于台湾，生于南部或东南部的沿海地区和岛屿，分布于菲律宾。

4. 大叶米兰（A.*elliptifolia*）。常绿大灌木，嫩枝常被褐色星状鳞片，叶较大。在植物分类上将其视为“米兰”的一个类型品种。其单粒花朵较“米兰”花略大，色泽稍浅；开花次数不及“米兰”频繁；其花香略显清淡；耐寒力较“米兰”强。

〖观赏期〗四季开花，盛花期 6 月至 7 月。

〖园林用途〗树姿秀丽，枝叶茂密，叶色葱绿光亮，花香似兰，宜盆栽陈列于客厅、书房、门廊，在南方可栽植于庭院中，是极好的绿化观赏花木。

【小知识】

米兰花朵小、不起眼，却毫无保留地将芳香奉献给人们，故常用它比喻教师，歌颂教师默默奉献的崇高品质。

四、茉莉花 *Jasminum sambac*（见图 6—21）

〖别名〗抹历、茉莉、茶叶花。

〖科属〗木犀科茉莉花属。

〖产地及分布〗原产于我国西部和印度。

图 6—21　茉莉花

〖识别要点〗

1. 株形株高：常绿灌木，株高 0.5 ~ 1 m。

2. 茎：小枝细长有棱，具短茸毛，略呈藤本状，老枝灰褐色木质。

3. 叶：单叶对生，椭圆形至广卵形，光亮，全缘。

4. 花序和花：聚伞花序，顶生或腋生，有花 3 ~ 9 朵；花萼线状，先端尖锐，花柄短，花冠白色，极具芳香。

5. 果实：浆果，黑色。

〖类型及品种〗栽培品种主要有 3 种：

1. 金华茉莉：枝条蔓生，花单瓣，花头多，花蕾较尖，香气比重瓣茉莉浓烈。

2. 广东茉莉：枝条直立，坚实粗壮，花头大，花瓣两层或多层，蕾圆形，花朵比前者少，香气也较淡。

3. 千重茉莉：枝条比广东茉莉柔软，新生枝似藤本状，最外两层花瓣完整，花心的花瓣碎裂，香气较浓。

〖观赏期〗花期 6—11 月，尤以 7 月最盛。

〖园林用途〗叶色翠绿，花色洁白，香味浓厚，色、香、姿、韵均佳。多作盆栽，点缀居室，清雅宜人。还可加工成花环等装饰品。

【小知识】

茉莉花素洁、浓郁、清香、久远，它的花语是忠贞、尊敬、清纯、迷人。许多国家将其作为爱情之花，青年男女之间互送茉莉花以表达坚贞爱情。它也作为友谊之花。把茉莉花环套在客人颈上使之垂到胸前，表示对客人的尊敬与友好，是一种热情好客的礼节。

五、含笑 *Michelia figo*（见图 6—22）

〖别名〗香蕉花、含笑花。

〖科属〗木兰科含笑属。

图 6—22　含笑

〖产地及分布〗原产于我国广东、福建等地的亚热带地区，长江流域一带有栽培，北方均盆栽观赏。

〖识别要点〗

1. 株形株高：常绿灌木或小乔木，株高 2 ~ 5 m。

2. 茎：枝条密集，组成圆形树冠；嫩枝及叶柄上密生褐色茸毛。

3. 叶：叶互生，椭圆形或倒卵状椭圆形，革质，全缘，嫩绿色。

4. 花序和花：花单生叶腋，直立，花瓣 6 枚，初开时乳白色，后逐渐变为象牙黄色，染红紫晕；肉质，香气浓郁，有香蕉香气。

5. 果实：聚合蓇葖果，蓇葖果卵圆形，先端鸟嘴状，有白色疣点。果熟期 9 月。

〖类型及品种〗中国科学院昆明植物研究所新培育成的品种有菊含笑、春月含笑、郁金含笑、丹芯含笑、沁芳含笑等。

同属观赏种还有：

1. 多花含笑（M.*floribunda*）：常绿乔木，小枝幼时被淡黄褐色倒生毛，芽细长，被淡黄色绢状细毛。叶膜质，表面亮绿色，背面粉白色。花重瓣，淡黄褐色，有芳香。花期 2—4 月，果期 8—9 月。产于云南、四川、贵州等地。

2. 金叶含笑（M.*foveolata*）：常绿乔木，芽、幼枝、叶柄等均密被红褐色短茸毛。叶厚革质，先端渐尖，基部宽楔形或圆钝。花淡黄绿色，基部带紫色。花期 3—5 月，果期 9—11 月。产于湖南、江西、贵州、广东、广西、云南、海南等省。

3. 深山含笑（M.*maudiae*）：常绿乔木，两性花，花大色白，有芳香，花径可达 10 ~ 12 cm。花期 3—4 月，果期 10—11 月。主要分布于浙江、湖南、广东、福建、广西、贵州等省。

4. 峨眉含笑（M.*wilsonii*）：常绿乔木，树冠球形或伞状。小枝绿色，皮孔明显隆起，顶芽瘦长，金黄色。花重瓣，黄色，有芳香。花期 4 月，果期 10 月。产于四川中部及西部。

〖观赏期〗花期 4—6 月，温室栽培 1 年可开两次花，一次是 1—4 月，另一次是 10—11 月。

〖园林用途〗叶绿花香，株形典雅，叶形优美，花蕾半开，含羞带笑，姿态迷人。花期长，花量多，在南方园林、庭院绿化中常丛植于草坪或路边。性耐阴，也宜作室内盆栽观赏。对氯气有较强的抗性，是厂矿绿化的优良花木。

【小知识】

宋代诗人邓润甫有诗句：“自有嫣然态，风前欲笑人。涓涓朝露泣，盎盎夜生春。”形容含笑花具有妩媚动人的嫣然美态，既有含笑本身娇羞婀娜的“笑”，又有人对含笑赞赏

的笑意。即使含笑“泣泪”时也楚楚动人，它清晨含苞泣露，入夜盎然芬芳。

六、杜鹃花 *Rhododendron simsii*（见图 6—23）

〖别名〗映山红、照山红。

〖科属〗杜鹃花科杜鹃花属。

〖产地及分布〗分布于欧洲、亚洲及北美洲。其中我国约占全世界总数的 59%。原种集中分布于云南、西藏、四川的海拔 1 000～3 000 m 的高山上。

图 6—23　杜鹃花

〖识别要点〗

1. 株形株高：落叶灌木，株高 2～5 m。

2. 茎：枝多而纤细，密被亮棕褐色扁平糙伏毛。

3. 叶：单叶，互生；春季叶纸质，夏季叶革质，卵形或椭圆形，先端钝尖，基部楔形，全缘，叶面暗绿。疏生白色糙毛，叶背淡绿，密被棕色糙毛；叶柄短。

4. 花序和花：花两性，2～6 朵簇生于枝顶，花冠漏斗状，蔷薇色、鲜红色或深红色；萼片小，有毛。

5. 果实：蒴果，卵球形，长达 1 cm，密被糙伏毛；花萼宿存。果期 6—8 月。

〖类型及品种〗同属植物有 900 多种，我国就有 600 种之多，根据亲本来源、形态特征、特性可分为春鹃、夏鹃、毛鹃和西鹃。

1. 春鹃：引种日本。叶小而薄，色淡绿，枝条纤细，多横枝。花小型，花径

2～4 cm，喇叭状，单瓣或重瓣。自然花期 4—5 月。

2. 夏鹃：原产于印度和日本，日本称皋月杜鹃。叶小而薄，分枝细密，冠形丰满。花中至大型，花径 6 cm 以上，单瓣或重瓣。先叶后花，是开花最晚的种类。自然花期在 6 月前后。

3. 毛鹃：又称毛叶杜鹃，本种包括锦绣杜鹃、毛叶杜鹃及其变种。树体高大，株高可达 2 m 以上，发枝粗长，叶长椭圆形，多毛。花单瓣或重瓣，单色，少有复色。自然花期 4—5 月。

4. 西鹃：最早在荷兰、比利时育成，系皋月杜鹃、映山红与白毛杜鹃等反复杂交而成。树体低矮，株高 0.5～1 m，发枝粗短，枝叶稠密，叶片毛少。花形、花色多变，多数重瓣、少有半重瓣。自然花期 2—5 月，有的品种夏、秋季也开花。

〖观赏期〗花期 4—5 月。

〖园林用途〗我国传统名花，有“花木之王”的美称。在园林中宜丛植于林下、溪旁、池畔等地，也可用于布置庭院或与园林建筑相配植。特别是西洋杜鹃，株形美观，叶色浓绿，花朵繁茂，花色艳丽，是杜鹃花叶最美的一类，也是世界盆栽花卉生产的主要种类之一，可用于点缀宾馆、小庭院和公共场所，鲜明艳丽，妖媚动人，使人流连忘返。

【小知识】

杜鹃花位列我国十大名花之六。我国江西、安徽、贵州以杜鹃花为省花；湖南长沙、江苏无锡、江西九江、江苏镇江、云南大理、浙江嘉兴、江西赣州等城市将杜鹃花定为市花。

七、山茶花 *Camellia japonica*（见图 6—24）

〖别名〗茶花、山茶、耐冬、洋茶。

〖科属〗山茶科山茶属。

〖产地及分布〗原产于我国东部、西南部，现全国各地广泛栽培。

〖识别要点〗

1. 株形株高：常绿灌木或小乔木。

2. 茎：枝条黄褐色，小枝呈绿色或绿紫色至紫褐色。

3. 叶：叶片革质，互生，卵形至倒卵形，先端渐尖或急尖，基部楔形至近半圆形，边缘有锯齿，叶片正面为深绿色，多数有光泽，背面较淡，叶片光滑无毛，叶柄粗短，有柔毛或无毛。

4. 花序和花：花两性，常单生或 2～3 朵着生于枝梢顶端或叶腋间。花梗极短或不明显，萼片 9～13 片，被茸毛。花单瓣或重瓣，有红、白、粉、玫瑰红及杂有斑纹等不同花色。

图 6—24　山茶花

5. 果：蒴果，内有多粒大颗种子。

〖类型及品种〗按花瓣形状、数量、排列方式可分为：

1. 单瓣类：花瓣一层，仅 5～6 片，抗性强，多地栽。

2. 文瓣类：花瓣平展，排列整齐有序。又可分为：①半文瓣：大花瓣 2～5 轮，中心有细瓣卷曲或平伸，瓣尖有雄蕊夹杂。②全文瓣：花蕊完全退化，从外轮大瓣起，花瓣逐渐变小，雄蕊全无。

3. 武瓣类：花重瓣，花瓣不规则有扭曲起伏等变化，排列不整齐，雄蕊混生于卷曲花瓣间，又可分为托桂型、皇冠型和绣球型。

〖观赏期〗花期较长，从 10 月份到翌年 5 月份都有开放，盛花期通常在 2—4 月。

〖园林用途〗树姿优美、端庄高雅，花姿丰盈、花色娇艳，枝叶茂密、四季常青，象征吉祥福瑞，具有很高的观赏价值，是我国著名的传统十大名花之一。特别是盛开之时，给人以生机盎然的春意。花的色、姿、韵，怡情悦意，美不胜收。可作盆栽点缀客厅、书房、阳台；也可在庭院中配植，与花墙、亭前山石相伴，景色自然宜人。

【小知识】

山茶花顶风冒雪，不畏环境的恶劣，能在严寒中久开不败，因此人们称赞它为胜利之花。山茶花位列我国传统“十大名花”之七，也是世界名贵观赏花木之一。

八、白兰花 *Michelia alba*（见图 6—25）

〖别名〗白缅花、白玉兰、缅桂、黄桷兰。

〖科属〗木兰科含笑属。

〖产地及分布〗原产于喜马拉雅山及马来半岛。我国广东、广西、云南、福建、台湾以及浙江南部等地区广泛栽培，长江流域及以北地区多为盆栽。

图 6—25 白兰花

〖识别要点〗

1. 株形株高：常绿乔木，可培育成灌木状，树冠开展，倒卵形，树皮灰白色，一般盆栽株高约 200 cm。

2. 茎：分枝较少，枝上具环状托叶痕，新枝及芽有浅白色绢毛，一年生枝无毛，幼枝和芽绿色。

3. 叶：叶互生，薄革质，全缘，长椭圆形或披针状长椭圆形，先端长渐尖或尾状渐尖，基部楔形，叶面绿色，叶背淡绿色，叶脉明显。

4. 花序和花：花单生当年生枝叶腋，有短梗；花瓣白色或略带黄色，狭长，肥厚，极香；花瓣披针形，10 枚以上。

5. 果实：多不结实。

〖类型及品种〗同属观赏花木还有黄兰（M.*champaca*）：常绿乔木，树皮灰褐色，叶缘

呈波形，幼枝嫩叶和叶柄均被淡黄色平伏绢毛，花单生叶腋，橙黄色，花被片 15～20 枚，香气甜润，比白兰花更浓，花期稍迟，6 月开始开花，叶柄上的托叶痕超过叶柄长度的 1/2 以上，而白兰的托叶痕仅为叶柄全长的 1/3。

〖观赏期〗花期 5—10 月，夏季最盛，冬季温室也可开花。

〖园林用途〗叶润滑柔软，青翠碧绿，花洁白如玉，芳香似兰，是我国人民喜爱的传统香花之一。在南方是园林中的骨干树种，也是极好的行道树树种。在北方盆栽，常布置于大门两旁、厅堂、会议室、会客室等处。花朵芳香，可作胸花、头饰。

【小知识】

白兰花是著名的香花，在我国，与栀子花和茉莉花一起，被誉为“香花三绝”和“夏花三白”。江南六月，梅雨时节，杭州、苏州、南京、上海、广州等地的街头，经常可以看到花白头发的阿婆挎着小竹篮，湿润的蓝布遮盖着一朵朵铁丝串起的白兰花、栀子花或茉莉花，沿街叫卖，人们买来挂在胸前或佩戴在头上。这三种花清香无毒，能够满足夏天人们需要清新醒脑的需求，因此可做成香包随身携带。

思考与练习

1. 按春、夏、秋、冬四季开花期的不同，对所识别的观花类盆栽花卉进行分类。
2. 举出 10 种常见的观花类盆栽花卉，说明它们的识别要点。
3. 观花植物的应用有何特点和优势？

第七章

温室观叶类盆栽花卉识别

第一节 观叶类花卉基础知识

一、观叶类盆栽花卉的含义及类型

凡叶形、叶色美丽，具有较高观赏价值，且通常盆栽用于装饰观赏的植物，统称为观叶类盆栽花卉或观叶类盆栽植物。观叶类盆栽植物也开花，但通常其观叶价值胜于观花价值。

观叶类盆栽花卉包括草本观叶类盆栽花卉和木本观叶类盆栽花卉。草本观叶类盆栽花卉以多年生宿根草本为主，如竹芋类、天南星科的多属植物、蔓绿绒属、黛粉叶类、合果芋类等，也有少数一二年生的植物，如彩叶草。木本观叶类盆栽花卉大多属于灌木和亚灌木，如变叶木、龙血树属、龙舌兰类、朱蕉属，少数呈现小乔木状，如马拉巴栗（发财树）等。

大多数的观叶类盆栽花卉原产于高温、高湿的热带雨林地区，需光量少，在强烈日照下容易产生日灼、脱水萎蔫等现象，喜散射光、弱光照或有遮阳的林下环境，这类植物耐阴性较强，适合作室内植物应用。另有一些彩叶的植物对光照的需求要高些，不宜长期放在室内荫蔽处。

二、室内观叶类盆栽花卉的选择标准

1. 具有较高的观赏价值，如叶形、色、质地具有较典型的观赏价值或花叶兼美。
2. 对光照强度要求不高，耐阴性强。
3. 适于盆栽管理。
4. 易繁殖栽培。
5. 无毒。

三、如何选购观叶类盆栽花卉

1. 植株枝叶繁茂，节间密集，生长健壮。
2. 叶片色泽好，生机勃勃，叶片和叶尖无伤残。
3. 盆与植株比例适当，盆土合适，根系舒展。
4. 植株无病虫害。
5. 植株最好带有名实相符的标签。
6. 考虑放置地的环境是否满足植物的生长需求。

第二节 常见温室草本观叶类盆栽花卉识别

一、广东万年青 *Aglaonema modestum*（见图 7—1）

〖别名〗亮丝草、粗肋草、竹节万年青、大叶万年青。

〖科属〗天南星科亮丝草属。

〖产地及分布〗原产于我国云南、广西和广东三省，马来西亚、菲律宾也有分布。

图 7—1 广东万年青

〖识别要点〗

1. 株形株高：多年生常绿草本，株高 50～65 cm。

2. 茎：茎直立不分枝，节间明显。

3. 叶：单叶互生，叶片卵形，先端具长尖，叶柄长，基部扩大成鞘状。

4. 花序和花：花梗自叶鞘内抽出，顶生青绿色佛焰苞，内生白绿色肉穗花序，雄花在上，雌花在下，无花被。花期夏、秋季。

5. 果实：浆果，橙红色。

〖类型及品种〗常见品种有：

1. 中斑亮丝草：叶长卵形，深绿色，具不规则淡黄色或苹果绿大色块。

2. 银王亮丝草：叶狭披针形，深绿色，具大面积银白色斑块，叶柄有灰绿色斑点。

3. 银后亮丝草：叶比银王亮丝草短而窄，叶面具银白色大斑块，叶柄深绿色。

4. 斑叶亮丝草：叶阔披针形，淡绿色，具乳白色大斑纹。

〖观赏期〗观叶植物，周年观赏。

〖园林用途〗体姿颇直，叶色青翠、娇嫩，叶片宽阔光亮，四季翠绿又耐阴，是良好的室内盆栽观叶花卉。可装饰居室、厅堂、会场等处，增加自然气息。亚热带地区可露地庭院栽植。可在室内玻璃器具中茎插水培，用于四季观赏茎叶、根系；也可用于切花配叶。

【小知识】

用广东万年青可制作观叶盆景，不用修剪和绑缚，选用它自然生长的形式，可栽种单株式、双干式、斜干式等，又可植于浅长方盆中，以高低参差、竖疏横斜的形式偏植于一端，另一端可配置玲珑剔透的石头，然后再把盆面铺上青苔，种上常绿小草作点缀，能展现出诗情画意。根据其极耐阴的特性，陈设居室观赏，能保持四季苍翠，经久不衰。

二、花叶万年青类 *Dieffenbachia* spp.（见图 7—2）

〖科属〗天南星科花叶万年青属。

〖产地及分布〗原产于美洲热带。

〖识别要点〗

1. 株形株高：常绿亚灌木状多年生草本。

2. 茎：茎常直立。

3. 叶：叶长椭圆状或卵形，全缘；主脉粗，稍向左侧倾斜，常有斑点或大理石状的波纹；叶柄粗，有长鞘。叶色丰富，具有很高的观赏价值。

4. 花序和花：花序柄由叶柄鞘内抽出，短于叶柄，佛焰苞长椭圆形。花多无观赏价值。

图 7—2　花叶万年青类

〖类型及品种〗同属植物约有 30 种。常见的栽培品种有：

1. 花叶万年青（D.*picta*）：又名黛粉叶。多年生常绿草本，植株直立生长，株高达 1 m。茎粗壮，节间短，多肉质。叶常聚生茎顶，叶柄长，基部约 1/2 呈鞘状。叶矩圆形至矩圆状披针形。叶面淡绿色，并常有白色、乳白色或黄绿色的斑点或斑纹，变化极为丰富，是花叶万年青属中最常见的品种。原产于巴西。

常见的园艺变种有：白柄花叶万年青、白纹花叶万年青、斑点花叶万年青、乳斑花叶万年青等。

2. 白斑花叶万年青（D.*splendens*）：叶面主脉粗而宽，象牙白色；叶背淡绿色，有少量白斑。

〖观赏期〗观叶植物，周年观赏。

〖园林用途〗植株秀丽，叶片色调绚丽，翠绿清新，斑点、斑纹多变化，且耐阴性强，栽培管理容易，可摆放于窗台、案头、会议室等不同场合，是优良的室内观叶花卉，属于上乘的观叶佳品，特别适合在现代建筑中配植。

【小知识】

花叶万年青全株有毒，茎毒性最大，其次是叶柄和叶，为天南星科最毒的植物。其汁液与人体皮肤接触后会引起瘙痒和皮炎；吞下一小块茎则口喉会极端刺痛，并导致声带麻痹，故有“哑棒”之称。栽培时注意不要弄破茎、叶使汁液接触皮肤，更要注意不沾入口内。操作完成后要用肥皂洗手。

三、白鹤芋 *Spathiphyllum floribundum*（见图 7—3）

〖别名〗苞叶芋、白掌、一帆风顺、和平芋。

〖科属〗天南星科白鹤芋属。

〖产地及分布〗原产于哥伦比亚。

图 7—3　白鹤芋

〖识别要点〗

1. 株形株高：多年生常绿草本，株高 40 ~ 60 cm。

2. 茎：具短根茎，多为丛生状。

3. 叶：叶长椭圆状披针形，先端渐尖，基部楔形，叶脉明显，叶柄长，基部呈鞘状。

4. 花序和花：花莛直立，高出叶丛，佛焰苞直立向上，稍卷，白色，肉穗花序圆柱状，白色。

〖类型及品种〗常见的栽培原种有银苞芋：原产于热带美洲，形态与白鹤芋基本相同，但叶片较宽，花茎与叶丛等高。市场上把二者通称为白鹤芋。

栽培品种有：

1. ‘绿巨人’（‘Sensation’）：茎短而粗壮，少有分蘖，株高可达 1 m 以上，是白鹤芋系列中的大型种。叶片宽大，叶柄粗壮，叶色深绿，富有光泽。其花苞硕大呈长勺状，形如手掌，高出叶面，花从开至谢可持续近一个月，初开时花色洁白，后转绿色，由浅入深，直至凋谢，花期在春末夏初。

2.‘大银苞芋’(‘Mauraloa’)：杂交品种，株丛高大挺拔，株高 50~60 cm。叶长圆状披针形，鲜绿色，叶脉下陷。佛焰苞初为白色，后变为绿色。

〖观赏期〗观叶、观花植物，周年观赏，花期 5—8 月。

〖园林用途〗叶片翠绿，佛焰苞洁白，花茎挺拔秀美，非常清新幽雅，是世界重要的观花、观叶植物。作盆栽可点缀于客厅、书房，或布置在宾馆大堂、会场前沿、车站出入口、商厦橱窗。在南方，可配植在小庭院、池畔、墙角处，别具一格。花也是极好的插花材料。

【小知识】

白鹤芋的花语是事业有成、一帆风顺，是人们喜爱栽植的室内绿植。同时，它又有“废气过滤器”之称，能有效地净化空气中的挥发性有机物，如酒精、丙酮、三氯乙烯、苯、甲苯、一氧化氮、臭氧等，尤其对臭氧的净化能力特别强，因此可摆放在厨房煤气旁，净化空气，去除做饭时的味道、油烟等。

四、合果芋 *Syngonium podophyllum*（见图 7—4）

〖别名〗白蝴蝶、丝素藤、箭叶芋、长柄合果芋。

〖科属〗天南星科合果芋属。

〖产地及分布〗原产于中美、南美洲墨西哥至巴拿马热带雨林。

图 7—4 合果芋

〖识别要点〗

1. 株形株高：多年生蔓性常绿草本。

2. 茎：茎蔓生，绿色，光照适度时呈晕紫色，节部常有气生根，攀附物体生长。

3. 叶：叶互生，具长柄。叶二型，幼叶箭形或戟形，淡绿色；老叶窄三角形，3 深裂，中裂片较大，深绿色，叶脉及近叶脉处呈黄绿色。

4. 花序和花：肉穗状花序，花序外有佛焰苞包被，其内部玫红色和白色，外部绿色。花期秋季。

〖类型及品种〗常见的栽培变种是金脉合果芋（var.*atrovirens*）：叶 3～5 裂，叶深绿色，叶脉金黄色。常见的品种有：

1. 白丽合果芋（白蝴蝶）：叶片箭形，叶面白绿色，边缘深绿色。

2. 绿金合果芋：叶面绿色，具淡黄色大理石状斑纹。

3. 白纹合果芋：叶片 3 浅裂，主脉两侧呈银白色。

4. 黄纹合果芋：叶面有乳黄色斑纹等。

〖观赏期〗观叶植物，周年观赏。

〖园林用途〗叶色、叶形富于变化，鲜艳夺目，犹如纷飞的蝴蝶，引人入胜，是优良的观叶花卉，不仅适合于盆栽、吊盆、水养、壁挂装饰，也可做成中型图腾柱，用来布置、美化会议室、客厅、书房、办公室及卧室。耐阴性强，能够适应普通居室的环境条件。在温暖地区可植于室外半阴处，作篱架和边角、花坛边缘、攀墙和铺地材料。叶片可作插花的配叶材料。

【小知识】

合果芋是一种很有趣的植物，其叶的颜色在地面时是白色的，但当它攀附到树上后，叶的颜色就会变深变绿。在地面时，叶的形状是盾形的，随着植株攀附到树上，叶的分裂会随之增加，可以分裂到七八片之多。所以会给人不是同一种植物的错觉。合果芋的异形叶性究竟是如何形成的，目前尚无定论，还需要更多的观察和实验来验证。

五、花叶芋 *Caladium bicolor*（见图 7—5）

〖别名〗彩叶芋、二色芋。

〖科属〗天南星科花叶芋属。

〖产地及分布〗原产于热带美洲的圭亚那、秘鲁以及亚马逊河流域。

〖识别要点〗

1. 株形株高：多年生草本，株高 30～50 cm。

2. 茎：具块茎。

图 7—5 花叶芋

3. 叶：叶卵状三角形至心状卵形，呈盾状着生；叶柄长，基部鞘状；叶面绿色并具白色、红色或其他颜色半透明的斑纹。

4. 花序和花：佛焰苞外面绿色，里面粉绿色，喉部带紫色并明显长于花序。肉穗花序黄色至橙黄色。

5. 果实：浆果。花果期夏、秋季。

〖类型及品种〗园艺品种有：

1. ‘白叶芋’：叶面白色，叶脉绿色。

2. ‘红云’：叶面有红色斑块。

3. ‘海鸥’：叶面绿色，叶脉凸起白色。

4. ‘车灯’：叶面绛红色，边缘绿色。

〖观赏期〗观叶植物，春、夏季。

〖园林用途〗绿叶嵌红、白斑点，加之白叶绿脉、红叶白脉，更加变化多样，夏、秋之日色彩斑斓，构成一幅天然图案，颇为美观，是理想的夏季栽培的室内观叶植物。适于家庭居室、宾馆、饭店和办公室美化装饰，给人以清新、典雅、热烈之美感。在热带地区可室外栽培观赏，点缀花坛、花境，十分潇洒、动人。

六、龟背竹 *Monstera deliciosa*（见图 7—6）

〖别名〗蓬莱蕉、铁丝兰、电线草。

〖科属〗天南星科龟背竹属。

〖产地及分布〗原产于墨西哥热带雨林，现我国南、北各地广泛栽培。

图 7—6　龟背竹

〖识别要点〗

1. 株形株高：多年生常绿草本，茎攀缘状长达 10 m 以上，盆栽时一般不超过 2～3 m。

2. 茎：茎粗壮，少分枝；茎节明显，其上着生多数褐色线状下垂的气生根。

3. 叶：单叶互生，幼叶心脏形，全缘；成熟叶片呈大型矩圆形，长宽各达 60～90 cm。羽状深裂，叶脉间有椭圆形孔漏，形如乌龟之背，故名龟背竹。叶柄长，基部延伸成叶鞘。

4. 花序和花：花梗自枝端抽出，顶生肉穗花序长约 23 cm，先端紫色，佛焰苞黄白色，花两性，无花被。花期秋季。

5. 果实：浆果，连成松球状。

〖类型及品种〗栽培变种是斑叶龟背竹（var.*variegata*）：叶面有白或奶黄色的、大小不同的不规则斑纹，可作大、中型盆栽，也可作大型图腾柱或壁挂。

常见同属花卉有迷你龟背竹（M.*epipremnoides*）：又名多孔龟背竹、小叶龟背竹。叶片宽椭圆形，淡绿色，侧脉间有多数椭圆形的孔洞。

〖观赏期〗观叶植物，周年观赏。

〖园林用途〗叶形奇特且大而美丽，是优良的室内盆栽大型观叶花卉，可培养成攀缘式或悬垂式的大型植株。适用于室内、展览大厅及地铁中摆设和点缀。在南方庭院中可散

植于池旁、溪沟和石隙中。

【小知识】

龟背竹能够有效地清除空气中的甲醛。另外，龟背竹有晚间吸收二氧化碳的功效，可以改善室内空气质量、提高含氧量。

七、竹芋科植物 *marantaceae*

竹芋科全球约有 30 个属 400 种以上，具有较高的观赏价值，我国已引种栽培的竹芋科植物有肖竹芋属、竹芋属和锦竹芋属。肖竹芋属为多年生草本，本属约有 150 种，其中许多种类为观叶花卉，已引入我国栽培的有几十种，本属植物营养体与竹芋属相似，较难区分。主要区别是：肖竹芋属花序为头状或球果状，自叶鞘或单独由根茎抽生，小花密集着生，苞片排列紧密，子房 3 室；竹芋属为顶生总状花序，苞片排列稀疏，子房 1 室。

观赏栽培种主要集中在肖竹芋属，绝大多数种类具有美丽的叶片，叶面斑纹及颜色变化极为丰富，且幼叶与老叶常具有不同的色彩变化，因此是极好的室内观叶植物，如孔雀竹芋、玫瑰竹芋、箭羽竹芋、天鹅绒竹芋、美丽竹芋等。而竹芋属中常见的栽培种有竹芋和豹纹竹芋。

1. 孔雀竹芋 *Calathea makoyana*（见图 7—7）

〖别名〗蓝花蕉、五色葛郁金。

〖科属〗竹芋科肖竹芋属。

〖产地及分布〗原产于热带美洲巴西及印度洋的岛域中。现广泛栽植于热带各地。

图 7—7 孔雀竹芋

〖识别要点〗

（1）株形株高：株高 30～60 cm。

（2）茎：地上茎多分枝。

（3）叶：根出单叶，长 15～20 cm，宽 5～10 cm，卵状椭圆形，叶薄，革质，叶柄

深紫红色。绿色叶面上隐约呈现金属光泽，且明亮艳丽，沿中脉两侧分布着羽状、暗绿色、长椭圆形的绒状斑块，与斑纹相对的叶背面为紫色，左右交互排列。

（4）花序和花：花少，头状花序，紫堇色。

（5）地下变态根器种类：匍匐的根状茎上着生肉质地茎。

〖类型及品种〗同属植物有 100 余种，还有许多园艺品种。其中较重要的栽培种有：

（1）箭羽竹芋（C.*insignis*）（C.*lancifolia*）：别名披针叶竹芋、紫背肖竹芋。叶披针形至椭圆形，直立伸展，长可达 50 cm，形状恰似鸟类的羽毛；叶面灰绿色，边缘色稍深，与侧脉平行，又嵌有大小交替的深绿色斑纹，叶背红色；叶缘似波浪状起伏。如图 7—8 所示。

（2）黄花肖竹芋（C.*crocata*）：别名金花肖竹芋、黄苞竹芋、金花冬叶。株高 15～20 cm。叶椭圆形；叶面暗绿色，叶背红褐色。花为橘黄色；花期 6—10 月。花、叶观赏价值俱佳。如图 7—9 所示。

图 7—8　箭羽竹芋

图 7—9　黄花肖竹芋

〖观赏期〗观叶植物，周年观赏。

〖园林用途〗叶片形状如美丽的孔雀尾羽，生长茂密。可单株欣赏，也可成行栽植为地被植物。可作中、小型盆栽观赏，主要用于装饰和布置书房、卧室、客厅等，是清除空气中氨气、甲醛污染的高手。

2. 天鹅绒竹芋 *Calathea leopardina*（见图 7—10）

〖别名〗斑叶竹芋、斑马竹芋、绒叶竹芋。

〖科属〗竹芋科肖竹芋属。

〖产地及分布〗原产于南洋巴西的热带雨林，欧洲各国都有引种。现我国北京、南京、广州等地多有栽培。

〖识别要点〗

（1）株形株高：株高 50～60 cm。

图 7—10 天鹅绒竹芋

（2）叶：叶单生，长椭圆形，长 30～60 cm，宽 10～20 cm；叶柄紫红色，从根状茎上长出；叶片有华丽的光泽，呈天鹅绒般的深绿并微带紫色；叶中脉两侧有深绿色、白色交互的斑块，呈羽状；叶背为深紫红色。

（3）花序和花：花少，白色，有短柄。花期 6—8 月。

（4）地下变态根器种类：地下有短根状茎。

〖类型及品种〗同孔雀竹芋。

〖观赏期〗观叶植物，周年观赏。

〖园林用途〗叶片宽大，叶面柔软，并具有斑马状深绿色条纹和华丽的光泽，清新悦目，作盆栽适用于装饰客厅、书房、卧室等处，高雅耐观。在公共场所可成列摆放于走廊两侧或室内花坛，翠绿光润，轻盈宜人。

3. 玫瑰竹芋 *Calathea roseo-picta*（见图 7—11）

〖别名〗彩虹竹芋、粉红肖竹芋。

〖科属〗竹芋科肖竹芋属。

〖产地及分布〗原产于巴西，分布于南美至中美的热带美洲地区。

图 7—11 玫瑰竹芋

〖识别要点〗

（1）株形株高：植株较矮小，株高 30～60 cm。

（2）叶：叶片椭圆形或卵圆形，长 20～30 cm，宽 15～20 cm，叶面光滑而富有光泽，绿色，羽状侧脉两侧间隔着斜向的浅绿色斑条；近叶缘处有一圈玫红色或银白色环形斑纹，如同一条彩虹，故名彩虹竹芋；叶背具紫红色斑块，远看像盛开的玫瑰花，故又名玫瑰竹芋。

（3）花序和花：总状花序，花白色。

（4）地下变态根器种类：地下具根茎。

〖类型及品种〗同孔雀竹芋。

〖观赏期〗观叶植物，周年观赏。

〖园林用途〗叶色珍奇美丽，适宜布置室内厅、堂；可放于儿童居室，奇异的叶色有助于培养儿童对自然科学的兴趣。

4. 浪星竹芋 *Calathea rufibarba*（见图 7—12）

〖别名〗波浪竹芋、浪心竹芋、剑叶竹芋。

〖科属〗竹芋科肖竹芋属。

〖产地及分布〗原产于美洲热带地区，生长在热带雨林中。我国有引种栽培。

图 7—12　浪星竹芋

〖识别要点〗

（1）株形株高：多年生草本，株高 25～50 cm。

（2）茎：地上茎多分枝。

（3）叶：叶茂密丛生。叶基稍歪斜，叶片倒披针形或披针形，长 15～20 cm，叶面绿色，富有光泽，中脉黄绿色，叶缘及侧脉均有波浪状起伏，叶背、叶柄为紫色。叶背上布满微毛，叶片边缘具波浪状，直立高挑。

（4）花序和花：花序头状或球果状，无柄或具柄，花明黄色。

（5）地下变态根器种类：匍匐的根状茎上着生肉质块茎。

〖类型及品种〗另有白浪星竹芋，其叶背呈白色；小浪星竹芋，株高 20～30 cm，株

形矮小而紧凑。

〖观赏期〗观叶植物，周年观赏。

〖园林用途〗株形美观，叶色五彩斑斓，观赏性强，又具有较强的耐阴性，适应性强，是世界最著名的观叶植物之一。在华南地区，可种植在庭院、公园的林荫下或道路旁；在北方地区，可作室内盆栽用于观赏，大型品种可用于装饰宾馆、商场的厅堂，小型品种可点缀居室的阳台、客厅、卧室等。可作高档的切叶材料，也可直接作插花或用作插花的衬材。

5. 白脉竹芋 *Maranta leuconeura*（见图 7—13）

〖别名〗条纹竹芋。

〖科属〗竹芋科竹芋属。

〖产地及分布〗原产于巴西。

〖识别要点〗

（1）株形株高：多年生常绿草本，株高 20 ~ 30 cm。

（2）茎：茎短缩，地下具块状根。

（3）叶：叶片椭圆形至卵圆形，光滑无毛或有稀疏毛；叶面灰绿色，中脉两侧有 5 ~ 8 对黑褐色大斑块，叶背淡紫色。

（4）花序和花：花白色有紫斑。

〖类型及品种〗主要品种有：

（1）'豹纹'竹芋（M.*leuconeura* 'Massangeana'）：植株低矮，叶片较小。叶面蓝绿色，沿中脉有鱼尾状白斑排列，与银白色脉纹构成精美图案，脉纹间为紫色的斑晕。如图 7—14 所示。

图 7—13　白脉竹芋

图 7—14　'豹纹'竹芋

（2）'红脉豹纹'竹芋（M.*leuconeura* 'Erthrophylla' 或 M.triclolr）：别名'鱼骨草'、'红叶葛郁金'。植株低矮，叶片多呈横向伸展；叶椭圆形、绿色，主脉及羽状脉红色，主脉两侧具银绿色至黄绿色的齿状斑纹，叶背紫红色，叶面花纹如鱼骨状；叶柄有翼。如图 7—15 所示。

（3）‘哥氏白脉’竹芋（M.*leuconeura*‘Kerchoveana’）：别名‘兔斑竹芋’。叶片浅绿色，叶脉两侧有深绿色或深褐色的斑，如兔足迹状。褐色斑点随叶片成熟而转成绿色。如图 7—16 所示。

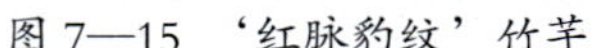

图 7—15 ‘红脉豹纹’竹芋

图 7—16 ‘哥氏白脉’竹芋

〖观赏期〗观叶植物，周年观赏。

〖园林用途〗叶片斑纹清新雅致，颜色漂亮多变，具有浪漫的异国情调，是优良的室内耐阴观叶植物。盆栽可用来布置书房、客厅或卧室。

【小思考】

竹芋科肖竹芋属与竹芋属各有哪些常见的观叶植物？它们的区别是什么？

八、蕨类植物 *Pteridophyta*

蕨类植物又称羊齿植物，是高等植物中比较低级而又不开花的一个类群。它既是高等孢子植物，又是原始的维管束植物，是介于苔藓和种子植物之间的一个类群。蕨类植物种类有很多，包括不同的科、属，多达 12 000 种。我国是世界上蕨类植物分布最丰富的国家之一，尤其以我国西南地区最为丰富，有“蕨类植物王国”之称。蕨类植物的幼叶在展开前呈拳状卷缩，称为“拳芽”，绝大多数种类具有根状茎。蕨类植物叶片形状奇特而又多种多样，有单叶、羽状复叶、掌状复叶等类型，具有很强的观赏性。

蕨类植物属于多年生常绿草本，无花无果，生命力顽强而旺盛，遍布于全世界温带和热带地区，主要依靠叶子背面的褐色或黄色的孢子繁殖。常见的蕨类植物主要有凤尾蕨、鹿角蕨、铁线蕨、鸟巢蕨、肾蕨、波士顿蕨等。

1. 凤尾蕨 *Pteris multifida*（见图 7—17）

〖别名〗井栏边草、小叶凤尾草、乌月草、鸡爪草。

〖科属〗凤尾蕨科凤尾蕨属。

〖产地及分布〗原产于亚洲、大洋洲亚热带、热带地区。我国大部分地区井栏边阴湿处常有生长，多分布在西南地区和长江流域以南地区。日本、朝鲜也都有分布。

图 7—17　凤尾蕨

〖识别要点〗

（1）株形株高：株高 30～45 cm。

（2）茎：根状茎，较短，直立生长，并有黑褐色鳞片。

（3）叶：叶多数，密而簇生。叶二型，不育叶有长柄，稍有光泽，光滑，叶片卵状长圆形，一回羽状，羽片通常 3 对，无柄，线状披针形，先端渐尖，叶缘有不整齐的尖锯齿并有软骨质的边。下部 1～2 对通常分叉，有时近羽状，顶生三叉羽片及上部羽片的基部显著下延，在叶轴两侧形成狭翅；能育叶有较长的柄，羽片 4～6 对，狭线形，仅不育部分具锯齿，余均全缘，基部一对有时近羽状，有短柄，余均无柄，下部 2～3 对通常 2～3 叉，上部几对的基部常下延，在叶轴两侧形成狭翅。主脉两面均隆起，禾秆色。叶干后草质，暗绿色，遍体无毛；叶轴禾秆色，稍有光泽。

（4）孢子囊群：通常沿着叶背边缘连续生长，像一条凸起的虫卵一样，囊群盖狭条形，孢子褐色。

〖类型及品种〗主要有银脉凤尾蕨（*Pterisensiformiscv.*Victoriae）和大叶凤尾蕨（*Pteris-cretica*）。

〖观赏期〗观叶植物，周年观赏。

〖园林用途〗全丛颜色嫩绿，叶片披拂，极有风姿，配山石盆景尤妙。地栽应选背阴湿润处，可供成片、成行绿化。叶可配插花。盆栽可点缀书桌、茶几、窗台和阳台，也适用于客厅、书房、卧室做悬挂式或镶挂式布置。

2. 鹿角蕨 *Platycerum bifurcatum*（见图 7—18）

〖别名〗蝙蝠蕨、麋角蕨、鹿角羊齿、鹿角山草。

〖科属〗鹿角蕨科鹿角蕨属。

〖产地及分布〗原产于澳大利亚，印度尼西亚、秘鲁、玻利维亚也有分布。我国主要分布于云南（盈江）。

图 7—18　鹿角蕨

〖识别要点〗

（1）株形株高：大型常绿附生植物，株高 30 ~ 45 cm，植株灰绿色，被绢状绵柔毛。

（2）茎：根状茎肉质，短而横卧，有淡棕色鳞片。

（3）叶：异形叶。可育叶基生、无柄，丛生下垂，幼叶灰绿色，成熟叶深绿色，基部楔形，厚革质，顶端具 2 ~ 3 回叉状分歧，成鹿角状；基部具圆肾形的不育叶，包裹于附生的物体上，状似吸盘。通体密被灰白色星状毛，初时绿色，不久枯萎，褐色，宿存。

（4）孢子囊群：生于叶背，在叶端凹处开始向上延至裂片的顶端。

〖类型及品种〗变种有大鹿角蕨（var.*majus*）：叶片大而粗壮，质地厚，深绿色。

〖观赏期〗观叶植物，周年观赏。

〖园林用途〗叶形奇特，姿态优美，潇洒不羁，是著名的观赏蕨类。适于点缀书房、客厅和窗台，别具热带风情。若贴生于古老朽木作装饰，植于吊盆中，悬吊于屋檐、书架、几座上，则独有情趣。

3. 铁线蕨 *Adiantum capillus-veneris*（见图 7—19）

〖别名〗铁丝草、铁线草、美人发。

〖科属〗铁线蕨科铁线蕨属。

〖产地及分布〗原产于美洲热带及欧洲温带地区，在我国多分布于长江流域以南各地，北至陕西、甘肃、河北，多生于山地、溪边和山石上。

图 7—19　铁线蕨

〖识别要点〗

（1）株形株高：常绿植物，植株纤弱，株高 15～50 cm。

（2）茎：根状茎，细长，横走，密被棕色披针形鳞片。

（3）叶：叶片多为 2～3 回羽状复叶，羽片 3～5 对，互生，自然弯垂。总叶柄长 5～20 cm，纤细，栗黑色，有光泽，细圆坚韧如铁丝，基部被鳞片，向上光滑。小叶斜扇形，薄草质，基部楔形，叶端半圆形，有钝圆的粗缺刻。叶脉扇状分叉，直达边缘，两面均明显。

（4）孢子囊群：生于羽片背面上缘；平直，淡黄绿色，老时棕色，膜质，全缘，宿存。

〖类型及品种〗有很多变种，如荷叶铁线蕨、肾叶铁线蕨等。同属常见观叶种类有扇叶铁线蕨（*A.flabellulatum*）、鞭叶铁线蕨（*A.caudatum*）、楔叶铁线蕨（*A.raddianum*）等。

〖观赏期〗观赏茎、叶，周年观赏。

〖园林用途〗四季常青，纤细优雅，清秀挺拔，形态优美。小盆栽可置于案头、茶几上观赏；较大盆栽可用于布置阴面房间的窗台、过道或客厅。叶片是良好的切叶及干花材料。在温暖湿润地区，可植于假山缝隙中，以柔化山石轮廓，丰富景观色彩，营造出生机勃勃、宛若天然的山野风光。

4. 鸟巢蕨 *Neottopteris nidus*（见图 7—20）

〖别名〗巢蕨、山苏花。

〖科属〗铁角蕨科巢蕨属。

〖产地及分布〗原产于热带、亚热带地区，分布于我国台湾、广东、广西、海南、云南等地及亚洲热带其他地区，成丛附生于雨林中的树干或岩石上。

图 7—20　鸟巢蕨

〖识别要点〗

（1）株形株高：常绿大型附生植物，株高 30～90 cm。

（2）茎：根状茎短，顶部密生鳞片，鳞片端呈纤维状分枝并卷曲。

（3）叶：叶革质，辐射丛生于根状茎顶部外缘，叶丛中心空如鸟巢；单叶阔披针形，具圆柱形叶柄，浅绿色，革质，两面光滑，尖头，向基部渐狭而下延；边缘软骨质，干后略反卷；叶脉两面隆起，侧脉分叉或单一，顶端和一条波状脉的边缘相连。

（4）孢子囊群：狭长条形，生于叶背主脉两侧，红褐色。

〖类型及品种〗波叶鸟巢蕨、圆叶鸟巢蕨。

〖观赏期〗观赏茎、叶，周年观赏。

〖园林用途〗株形丰满，叶片密集，碧绿光亮。可植于室内花园水边、溪旁、荫蔽处；或制作成吊盆（篮）悬挂于室内观赏；或栽植于大树枝干上，营造热带雨林郁郁葱葱的景观氛围。叶可作插花配材。

5. 肾蕨 *Nephrolepis auriculata*（见图 7—21）

〖别名〗蜈蚣草、篦子草、圆羊齿、排草。

〖科属〗骨碎补科肾蕨属。

〖产地及分布〗原产于热带、亚热带地区，我国华南、华东、西南等地均有分布。

图 7—21 肾蕨

〖识别要点〗

（1）株形株高：常绿植物，株高 30～60 cm。

（2）茎：地下肉质块茎，根茎具直立主轴并有从主轴向四周横向伸出的匍匐茎，并从匍匐茎的短枝长出圆形块茎，或在顶端长出小苗。根茎和主轴上密生鳞片。

（3）叶：叶密集簇生，直立，具短柄，其基部和叶轴上也具鳞片；叶披针形，一回羽状全裂，羽片紧密相连，无柄，叶缘具疏浅钝齿。叶基不对称，一侧为耳状突起，一侧为楔形；叶鲜绿色，近革质。

（4）孢子囊群：生于侧脉上方的小脉顶端，呈棕褐色颗粒状，孢子囊群盖肾形。

〖类型及品种〗本属另一著名栽培品种‘波士顿蕨’（*Nephrolepis exalata* ‘Bostoniensis’）：又名‘皱叶肾蕨’，为多年生草本，叶簇生，大而细长，羽状复叶，叶裂片较深，形成细碎而丰满的复羽状叶片，展开后下垂弯曲；叶淡绿色，有光泽。本品种尚有矮生、冠叶、皱叶等类型，是目前国际上十分流行的蕨类植物。

〖观赏期〗观叶植物，周年观赏。

〖园林用途〗叶片碧绿光润，四季常青，姿态婆娑，株形潇洒，宜盆栽用于家庭室内装饰或宾馆、饭店绿化布置。可盆栽，也可吊篮栽培。叶片可作插花配材。

【小思考】

园林绿化中常见栽培的蕨类植物还有哪些？

九、网纹草类 *Fittonia* spp.（见图 7—22）

〖科属〗爵床科网纹草属。

〖产地及分布〗原产于秘鲁和南美洲热带雨林。

图 7—22　网纹草类

〖识别要点〗

1. 株形株高：植株低矮，株高 10～15 cm。

2. 茎：茎呈匍匐状，匍匐茎节易生根。

3. 叶：叶片卵形至椭圆形，对生；叶脉网状，脉纹十分清晰；因种类不同，色泽多变。茎枝、叶柄与花梗上均有茸毛。

4. 花序和花：顶生穗状花序，层层苞片呈十字形排列，小花黄色，一般春季开花。

〖类型及品种〗常见栽培的种和变种有：

1. 红网纹草（*Fittonia verschaffeltii*）：别名红费通花、红网目草、粉脉费通花。叶片卵

圆形，叶深绿色，网脉红色。

2. 小叶白网纹草（*Fittonia verschaffeltii* var.*minima*）：叶小，卵圆形，叶色翠绿，网纹银白色。

〖观赏期〗观叶植物，周年观赏。

〖园林用途〗植株小巧玲珑，姿态轻盈，叶片花纹美丽独特，惹人喜爱。适合小型盆栽，点缀书桌、茶几、窗台、案头、花架等，清新美观。也可作室内吊盆或瓶景观赏，娇小雅致，楚楚动人。

【小知识】

网纹草的不同栽培方式

1. 小盆栽——用口径 10 cm、高 13 cm 左右的彩色陶盆种植几株扦插苗，培养土周围用彩色石子或青苔装饰，置于桌面或案头，格外雅致。

2. 吊盆栽培——用吊盆种植，待满盆时置于室内，显得春意盎然。

3. 组合栽培——网纹草是组合盆栽的主要辅助用材之一，用几株颜色或形态各异的灌木种植于盆中，配以网纹草、常春藤、吊兰等低矮植物组成一幅生动的立体画。

十、豆瓣绿类 *Peperomia* spp.

〖科属〗胡椒科豆瓣绿属（草胡椒属）。

〖产地及分布〗原产于美洲的热带、亚热带地区，同属植物约 1 000 种。我国有 9 种，分布于西南部和中部，均未见观赏栽培种。常用于观叶栽培的品种多为美洲原产，几乎均为小型叶类型。

〖识别要点〗

1. 株形株高：一年生或多年生常绿肉质草本，全株光滑，株高 20～40 cm。

2. 茎：直立或丛生。

3. 叶：叶片密集着生，不同种类叶形各异，全缘，多肉，叶片多有斑纹或透明点。

4. 花序和花：花小，两性，密集着生于细长的柱形穗状花序上。

〖类型及品种〗常见栽培的种、变种和品种有：

1. 圆叶椒草（P.*obtusifolia*）：株高 30 cm。叶互生，叶椭圆形或倒卵形，先端圆至微凹，叶基渐狭至楔形；叶面光滑有光泽，质厚而硬挺，茎及叶柄均肉质粗圆。叶柄较短，只有 1 cm，但生根容易。节间较短，节间处也极易生根。适宜作小型盆栽观赏。如图 7—23 所示。

2. 西瓜皮椒草（P.*sandersii*）：又名西瓜皮、银白斑椒草。植株低矮，株高 20～25 cm。茎短丛生。叶近基生，叶柄红褐色，叶卵圆形，尾端尖，长约 6 cm；叶脉浓绿色，由中央向四周辐射，脉间为银灰色，叶脉组成的花纹状似西瓜皮，故名西瓜皮椒草。叶片厚而光滑，叶背紫红色。多作小型盆栽。如图 7—24 所示。

3. 皱叶椒草（P.*caperata*）：又名四棱椒草、皱叶豆瓣绿。植株低矮，株高 20 cm 左右。茎极短，叶圆心形，暗褐绿色，叶面有光泽，整个叶面有凹凸不平的皱褶。叶柄长 10～15 cm，茶褐色至绿色，穗状花序，白绿色，长短不一，一般夏、秋季开花。多作小型盆栽。如图 7—25 所示。

图 7—23　圆叶椒草

图 7—24　西瓜皮椒草

图 7—25　皱叶椒草

4. 红边斑叶椒草（P.*maculosa*）：又名花叶椒草。茎直立。叶肉质，卵状披针形，基部心形或盾形，呈有光泽的鲜红色，叶脉绿色；叶柄长，有红褐色斑点。如图 7—26 所示。

5. 乳纹椒草（P.*magnolifolia* var.*variegata*）：又名花叶豆瓣绿、花叶椒草。株高 25 cm。茎褐绿色，稍肉质，茎节明显；叶卵圆形，厚质，互生。叶面中央嵌有绿色羽状斑块，四周为不同宽窄的金黄色镶边，花纹明朗可爱。可作小型盆栽或吊挂摆设。如图 7—27 所示。

6. ‘垂椒草’（P.*scandens*‘Variegata’）：又名蔓生豆瓣绿。蔓生草本。茎最初匍匐状，随后稍直立；茎红色，圆形，肉质多汁。叶片长心形，先端尖；嫩叶黄绿色，表面蜡质；成熟叶片淡绿色，上有乳白色斑纹。穗状花序长 10～15 cm。多作悬挂栽培。如图 7—28 所示。

图 7—26　红边斑叶椒草

图 7—27　乳纹椒草

图 7—28　‘垂椒草’

〖观赏期〗观叶植物，周年观赏。

〖园林用途〗植株株形或小巧玲珑、或直立挺健，叶片肉质肥厚，青翠亮泽，为优美的观叶小型盆栽花卉。用于点缀茶几、案头、窗台、博古架等，娇嫩可爱。蔓生型植株可攀附绕柱或任枝条蔓延垂下，悬吊于室内窗前或浴室处，清新悦目，别有一番情趣。

【小思考】

园林绿化中常见栽培的豆瓣绿类植物还有哪些？

十一、吊兰 *Chlorophytum comosum*（见图 7—29）

〖别名〗桂兰、折鹤兰、盆兰、钩兰。

〖科属〗百合科吊兰属。

〖产地及分布〗原产于非洲南部，现世界各地广泛栽培。

图 7—29 吊兰

〖识别要点〗

1. 株形株高：多年生常绿草本，地下根肉质，肥厚。株高 20 ~ 40 cm。

2. 茎：匍匐茎，自叶腋抽生，伸出株丛弯曲向外，顶端着生带气生根的小植株。

3. 叶：叶基生，叶片线形、条形至条状披针形，绿色或具黄色纵条纹或边缘黄色。

4. 花序和花：花梗细长顶生总状花序，花白色，数朵一簇，疏离地散生在花序轴上。花期 5—6 月，室内冬季也可开花。

5. 果实：蒴果，具 3 棱。

〖类型及品种〗常见的栽培品种有：金边吊兰，叶片边缘金黄色；银边吊兰，叶边缘为白色；金心吊兰，叶中心呈黄色纵向条纹；银心吊兰，叶片沿主脉具白色纵向条纹。

〖观赏期〗观叶植物，周年观赏。

〖园林用途〗风姿优美雅趣，叶形美观清秀，是最为传统的居室垂挂植物之一。多作盆栽悬吊装饰于廊、檐、窗、架或阳台、门厅等高处。

【小知识】

吊兰有很强的吸收有毒气体的功能，一般房间养 1～2 盆吊兰就可充分吸收空气中的有毒气体，故吊兰又有“绿色净化器”的美称。

十二、一叶兰 *Aspidistra elatior*（见图 7—30）

〖别名〗蜘蛛抱蛋、铁草、箬兰、高粱叶万年青。

〖科属〗百合科蜘蛛抱蛋属。

〖产地及分布〗分布于亚洲的热带和亚热带地区。本属约 13 种，我国产 8 种，分布于长江以南地区。

图 7—30　一叶兰

〖识别要点〗

1. 株形株高：多年生常绿草本。

2. 茎：根状茎粗壮横生。

3. 叶：叶基生，丛生状，有坚硬挺直的长柄；叶长椭圆状披针形或阔披针形，顶端渐尖，基部楔形，边缘波状，深绿色而有光泽。

4. 花序和花：花单生短花茎上，紧附于地面。花基部有 2 枚苞片；花被钟形，外面紫色，有深色斑点，内面深紫色，花径 2.5 cm。花期春季。

5. 果实：浆果，球形，成熟后果皮油亮，外形好似蜘蛛卵靠在不规则似蜘蛛的块茎上生长，故名“蜘蛛抱蛋”。

〖类型及品种〗主要园艺变种有：白纹蜘蛛抱蛋（var.*variegata*），叶面有白色或黄白色纵纹；斑叶蜘蛛抱蛋（var.*punctata*），叶面有白色星斑。

〖观赏期〗观叶植物，周年观赏。

〖园林用途〗叶片挺拔，宽大秀丽，叶色浓绿光亮，植株生长丰满，有欣欣向荣之美感；又耐阴、耐干旱，是室内盆栽观叶植物的佳品。常作室内装饰，还可作切叶栽培。温暖地区于庭院中散植，自然成趣。

【小知识】

一叶兰有吸收甲醛的功效，对二氧化碳、氟化氢也有一定的吸收能力，还可以吸附一定的灰尘。且一叶兰耐阴，适应性强，又不易生病虫害，是很好的居室绿化、空气净化植物。

十三、果子蔓类 *Guzamania* spp.（见图 7—31）

〖科属〗凤梨科果子蔓属（姑氏凤梨属、西洋凤梨属）。

〖产地及分布〗原产于南美洲热带地区。

〖识别要点〗

1. 株形株高：常绿附生植物，株高 30～60 cm。

2. 茎：茎短缩。

3. 叶：莲座状叶丛生于短茎上；叶片多为带状，叶缘无刺，叶薄而柔软，呈淡绿色，有光泽；叶较多，开花时约 25 片叶。

4. 花序和花：总花茎不分枝，挺立叶丛中央，周围为鲜红色的苞片，可观赏数月之久。多数种类在春天开花。

〖类型及品种〗同属植物约 120 种，有观叶和观花种类。常见栽培种为果子蔓（G.*lingulata*）：又名姑氏凤梨、红杯凤梨、垂花果子蔓、擎凤梨，株高 30 cm；叶片舌状，基生，长 40 cm，宽 4 cm，弓状生长，全缘，绿色，有光泽；花序苞片鲜红色，小花浅黄白色，每朵花开 2～3 d。栽培品种有‘小红星’、‘紫星’、‘黄星’、‘火炬’等。

图 7—31　果子蔓类

〖观赏期〗观叶、观花植物，周年可观叶，观花期为春季。

〖园林用途〗叶色终年常绿，苞片色艳耐久，花梗直立挺拔，色姿俱美，花期持久，是居室内花、叶兼赏的著名盆栽观赏花卉。

【小知识】

在花市上，红色的果子蔓最畅销，因为它有一个好听的名字——“红运当头”。

十四、丽穗凤梨类 *Vriesea* spp.

〖别名〗花叶凤梨、斑氏凤梨、剑凤梨。

〖科属〗凤梨科丽穗凤梨属。

〖产地及分布〗原产于中南美洲和西印度群岛。

〖识别要点〗

1. 株形株高：常绿附生草本。株高 30 ~ 60 cm。

2. 茎：茎短缩。

3. 叶：叶丛呈疏松的莲座状，可贮水；叶长条形，平滑，多具斑纹，全缘。

4. 花序和花：复穗状花序高出叶丛，时有分枝，顶端长出扁平的由多枚红色苞片组成的剑形花序；小花多呈黄色，从苞片中伸出。小花很快凋谢，艳丽的苞片维持时间长。冬、春季开花后，老株逐渐枯死，基部长出蘖芽。

〖类型及品种〗同属植物约有 250 种。常见栽培种有：

1. 虎纹凤梨（V.*splendens*）：又名红剑凤梨、花叶凤梨、花叶兰。株高 30～50 cm。叶线形，叶面深绿色，分布有黑紫色的横条状斑纹，条纹色彩鲜明。开花植株叶只有 10～13 枚。穗状花序可高达 50 cm。苞片鲜红色，小花黄色。花苞可持续 2 个月。如图 7—32 所示。

2. 彩苞凤梨（V.*poelmanii*）：又名火剑凤梨、火炬、大鹦哥凤梨。株高 20～50 cm。叶淡绿色至绿色，有光泽，宽线形，叶缘无锯齿。花茎直立抽出，苞片深红色、橙红色、绯红色或黄色和红色的复色；复穗状花序有多个分枝。小花黄色，先端略带黄绿色，整个花序像火炬。花苞可保持 3 个月。如图 7—33 所示。

3. 莺哥凤梨（V.*carinata*）：株高约 20 cm。叶带状，质薄，自然下垂；叶色鲜绿，有光泽。花茎细长直立，穗状花序不分枝或少分枝。苞片基部鲜红色，先端黄色，小花黄色。花苞可保持 1 个多月。如图 7—34 所示。

图 7—32　虎纹凤梨

图 7—33　彩苞凤梨

图 7—34　莺哥凤梨

〖观赏期〗观叶、观花植物，冬、春季。

〖园林用途〗叶色多变，花序独特优美，苞片艳丽，观赏期长，花、叶皆可观赏，是一种优良的观花、观叶室内盆栽花卉。也可作切花花卉。

【小思考】

请大家调查一下，丽穗凤梨属还有哪些常见的观赏种类？

十五、铁兰 *Tillandsia cyanea*（见图 7—35）

〖别名〗紫花凤梨、艳花钱兰。

〖科属〗凤梨科铁兰属。

〖产地及分布〗原产于厄瓜多尔、秘鲁一带。

图 7—35　铁兰

〖识别要点〗

1. 株形株高：多年生附生草本，株高约 30 cm。

2. 叶：叶片簇生或莲座状，20～30 片，窄长，线形，长约 30 cm，向外弯曲，开展，几乎无叶筒，中部下凹，灰绿色，基部呈紫褐色条形斑纹，叶背面绿褐色。

3. 花序和花：花茎短，长 20 cm，花序椭圆，苞片粉红色；苞片间开出蓝紫色小花；花瓣 3 枚，花径约 3 cm，花朵伸出苞片外，状似蝴蝶。观赏期可长达几个月。

〖类型及品种〗同属常见栽培种是长苞凤梨（T.*lindenii*）：又名长苞铁兰、李氏铁兰，花径高约 30 cm；穗状花序扁平，稍窄；苞片鲜红色，排成两列；小花蓝色，具白色的喉部。

〖观赏期〗观叶、观花植物，秋、冬季。

〖园林用途〗株形娇小迷人，华贵而雅致，叶片细长如兰，苞片绚丽夺目，叶姿优美，花色浓艳，观赏期长，是重要的室内盆栽花卉。也可吊盆观赏。

【小知识】

铁兰是顽强的花。不论身处雨林、沙漠、沼泽或岩石，只需一点点水，它就能生根发芽。铁兰的花语是坚强、完美。

十六、绿萝 *Scindapsus aureum*（见图 7—36）

〖别名〗黄金葛、魔鬼藤。

〖科属〗天南星科绿萝属。

〖产地及分布〗原产于马来西亚、西印度、新几内亚。

图 7—36 绿萝

〖识别要点〗

1. 株形株高：常绿草质藤本，原生茎长可达 20 m，盆栽茎长可达 2～3 m。野生状态攀附于大树上。

2. 茎：茎攀缘，节间具纵槽；多分枝，枝悬垂。茎粗细变化很大，多年生长后基部常木质化。茎上气根发达。

3. 叶：叶互生，叶片薄革质，翠绿色，通常（特别是叶面）有多数不规则的纯黄色斑块，全缘。叶大小不一，无支架或茎尖朝下生长时叶较小。叶片椭圆形或长卵心形，光亮，叶基浅心形，叶端较尖，叶柄长，两侧具鞘达顶部，鞘革质，宿存。

〖类型及品种〗

1. 青叶绿萝：叶子全部为青绿色，没有花纹和杂色。

2. 黄叶绿萝（黄金葛）：叶子为浅金黄色，叶片较薄。

3. 花叶绿萝：叶片上有颜色各异的斑纹。已发现的变种有 3 个，依据花纹颜色和特点可分为：

（1）金葛：叶上具不规则黄色条斑。

（2）银葛：叶上具乳白色斑纹，较原变种粗壮。

（3）三色葛：叶面具绿色、黄色、乳白色斑纹。

4. 星点藤：叶面绒绿，布满银绿色斑块或斑点。

〖观赏期〗观叶植物，周年观赏。

〖园林用途〗缠绕性强，气根发达，叶色斑斓，四季常绿，长枝披垂，是优良的观叶植物。适合小型吊盆、中型柱式栽培或室内垂直绿化。柱式栽培时，可让攀附于用棕扎成的圆柱、树干上，摆于门厅、宾馆；悬垂栽培时，可置于书房、窗台、墙面、墙垣；还可水培生长。多种应用形式应用于室内，可以很好地营造绿色的自然景观。

【小知识】

绿萝遇水即活，有着顽强的生命力，被称为“生命之花”。绿萝还有很强的空气净化功能，能吸收空气中的苯、三氯乙烯、甲醛等，有“绿色净化器”的美名。

第三节
常见温室木本观叶类盆栽花卉识别

一、富贵竹 *Dracaena sanderiana*（见图 7—37）

〖别名〗仙达龙血树、竹蕉、万寿竹、开运竹、富贵塔、竹塔、塔竹。

〖科属〗龙舌兰科龙血树属。

〖产地及分布〗分布于加利群岛及非洲和亚洲热带地区。

〖识别要点〗

1. 株形株高：多年生常绿草本，植株细长，株高 1 m 以上。

2. 茎：茎干直立，上部有分枝。

3. 叶：叶长披针形，叶色浓绿，叶片似竹子，有明显主脉，具短柄。

4. 花序和花：伞形花序有花 3～10 朵生于叶腋或与上部叶对生，花冠钟状，紫色。

〖类型及品种〗有绿叶富贵竹（又称万年竹）、银边富贵竹、金边富贵竹和银心富贵竹；还有做成塔状的，称为富贵塔，又名“开运竹”。

〖观赏期〗观叶植物，周年观赏。

图 7—37　富贵竹

〖园林用途〗茎杆挺拔，叶色浓绿，冬、夏常青。不论盘栽，或剪取茎干瓶插，或加工“开运竹”“弯竹”，均显得疏挺高洁，茎叶纤秀，富有竹韵，观赏价值高。

【小知识】

富贵竹具有细长潇洒的叶子，其翠绿的叶色、貌似竹节的茎节，都与竹有几分相似，但它却不是真正的竹。

二、马拉巴栗 *Pachira macrocarpa*（见图 7—38）

〖别名〗发财树、瓜栗、大果木棉、美国花生。

〖科属〗木棉科瓜栗属。

〖产地及分布〗原产于墨西哥，近年来在我国台湾及广东、福建等地批量生产。

〖识别要点〗

1. 株形株高：常绿或半落叶小乔木，株高 3～5 m。

2. 茎：主干直立，枝条轮生。利用铁丝将 2～3 株成长过程的茎干交互缠绕，可成辫子般形状。

3. 叶：掌状复叶有小叶 5～11 枚，小叶倒卵状长圆形，下面被星状茸毛。

4. 花序和花：花单生于枝顶；花瓣淡绿白色，带形，长 10～12 cm，反卷；雄蕊多数，分为若干束。花期 5—11 月。

5. 果实：蒴果，木质，内有长绵毛，种子秋后成熟，形状不规则，浅褐色。

图 7—38　马拉巴栗

〖类型及品种〗

1. 花叶马拉巴栗：叶面有黄白色斑纹。

2. 几内亚栗：叶小，掌状复叶，5～7 小叶，花大，粉红色。

〖观赏期〗观叶植物，周年观赏。

〖园林用途〗树姿优雅，树干苍劲、古朴，枝叶潇洒婆娑，尤以 3～5 株丛植及各种辫状或螺旋状造型为佳，现已成为室内观赏植物的佼佼者，曾被联合国环境保护组织评为世界十大室内观赏花木之一。盆栽可用于美化厅、堂、宅，有“发财”的寓意。

【小知识】

马拉巴栗有顽强的生命力，截干后可发出更多的新干材，故名“发财树”。它独特的观赏价值以及吉利的名字，使其风靡国内外。商家、厂家开业或室内装饰时，为讨一个好彩头，常选此树。

三、散尾葵 *Chrysalidocarpus lutescens*（见图 7—39）

〖别名〗小黄椰子、紫葵。

〖科属〗棕榈科散尾葵属。

〖产地及分布〗原产于马达加斯加，我国华南地区有栽培。

图 7—39 散尾葵

〖识别要点〗

1. 株形株高：常绿灌木或小乔木，盆栽株高 2～3 m。

2. 茎：茎单生或丛生，茎干光滑，橙黄色，无毛刺，干上有明显叶痕，呈环纹状。

3. 叶：羽状复叶，平滑细长，亮绿色；复叶长 40～150 cm，小叶及叶柄稍弯曲，先端柔软，小羽片披针形，长 20～25 cm。

4. 花序和花：佛焰花序生于叶鞘束下，基部有佛焰苞 2 枚，花单性同株。

5. 果实：果近球形或呈陀螺状。

〖类型及品种〗同属植物约有 20 种，主产于马达加斯加，我国引入栽培的只有散尾葵（C.*lutescens*）1 种。

〖观赏期〗观叶植物，周年观赏。

〖园林用途〗株形秀美，在华南地区多作庭院栽植，极耐阴，可栽于建筑物阴面。其他地区可作盆栽观赏，是布置客厅、餐厅、会议室、家庭居室、书房、卧室或阳台的高档盆栽观叶植物。

【小知识】

散尾葵能够增加空气湿度，如果在室内种植一棵散尾葵，则室内的空气湿度可保持在 40%～60%。同时，室内摆放散尾葵，还能有效去除空气中的苯、三氯乙烯、甲醛等有挥发性的有害物质。

四、棕竹 *Rhapis excelsa*（见图 7—40）

〖别名〗观音竹、筋头竹、棕榈竹。

〖科属〗棕榈科棕竹属。

〖产地及分布〗分布于广东、广西、海南、云南、贵州等省区。细叶棕竹产于海南，粗叶棕竹产于西南部，矮棕竹产于广西。

图 7—40　棕竹

〖识别要点〗

1. 株形株高：多年生常绿丛生灌木，株高 2～3 m，树干被网状纤维包被。

2. 茎：茎干直立，圆柱形，细如手指，不分枝，有节如竹，上具宿存黑褐色粗纤维质叶鞘，如棕状。

3. 叶：叶集生茎顶，革质，浓绿而具有光泽，掌状 4～10 深裂，呈扇形，先端有不规则锯齿，叶柄扁平细长，基部为纤维所包。

4. 花序和花：肉穗花序腋生，花序短于叶，佛苞焰数枚，淡黄色，被毛，花小，淡黄色。花期为 4—5 月。

5. 果实：果熟期 10—12 月，浆果，近球形，黄褐色，果皮薄。

〖类型及品种〗有变种斑叶棕竹（var.*variegata*）：株形较矮，叶片具大小不一的金黄色条纹。

同属栽培种有：

1. 细叶棕竹（R.*gracilis*）：又名铁线棕，叶片发射状 2～4 枚，裂片长圆披针形。

2. 粗叶棕竹（R.*robusta*）：又名大叶棕竹，叶掌状 4 深裂，裂片披针形或宽披针形。

〖观赏期〗观叶植物，周年观赏。

〖园林用途〗株形紧密秀丽、翠杆亭立、姿态秀雅、四季常青，既有热带风韵，又有竹的潇洒，为重要的室内观叶植物。甚耐阴，既适合中、小型盆栽供一般家庭室内陈设观赏，又可大盆栽种用于大型建筑物室内布置，是室内大型观叶植物之一。在温暖地区宜配植于窗外、路旁、花坛或廊隅等处，丛植或列植均可。

【小知识】

棕竹的功能类似于龟背竹，能够吸收 80% 以上的多种有害气体，净化空气。同时，棕竹还能消除重金属污染，并对二氧化硫污染有一定的抵抗作用。当然作为叶面硕大的观叶植物，它最大的特点就是具有一般植物所不能比的消化二氧化碳并制造氧气的功能。

五、朱蕉 *Codyline terminalis*（见图 7—41）

〖别名〗铁树。

〖科属〗百合科朱蕉属。

〖产地及分布〗原产于亚洲、非洲、大洋洲。

图 7—41 朱蕉

〖识别要点〗

1. 株形株高：灌木或小乔木，株高 1 ~ 3 m。地下部分具发达匍匐根茎，易发生萌蘖。

2. 茎：主干挺拔直立，一般不分枝。

3. 叶：叶聚生于茎或枝的顶端，矩圆形至矩圆状披针形，长 30 ~ 50 cm，宽 7 ~ 10 cm，先端尖，绿色或具各种色斑，主脉明显，侧脉密生；叶柄长 10 ~ 16 cm，有深沟，基部变宽，抱茎。

4. 花序和花：圆锥花序长约 30 cm，侧枝基部有大的苞片，每朵花有 3 枚苞片；花淡红色、青紫色至黄色，花梗通常很短，花期 11 月至次年 3 月。

〖类型及品种〗主要变种有：

1. 细叶朱蕉（var.*bella*）：叶小，紫色，有红边。

2. 三色朱蕉（var.*tricolor*）：新叶淡绿色有乳黄色和红色的不规则斑点。

3. 圆叶朱蕉（var.*rainbow*）：叶宽卵圆形，老叶深绿色，新叶淡红色、乳黄绿色。

4. 库氏朱蕉（var.*cooperi*）：叶暗葡萄红色，背曲。

〖观赏期〗观叶植物，周年观赏。

〖园林用途〗株形美观，色彩华丽高雅，盆栽适用于室内装饰。栽培品种很多，叶形也有较大的变化，是布置室内场所的常用植物。

【小思考】

朱蕉除最常见的红色品种外，还有普通的绿叶品种，当然也有彩色或斑锦的品种。请大家课后在当地花卉市场或互联网上调查一下朱蕉的品种和类型。

六、巴西铁 *Dracaena fragrans*（见图 7—42）

〖别名〗巴西木、巴西千年木、香龙血树、金边香龙血树。

〖科属〗百合科龙血树属。

〖产地及分布〗原产于非洲西部。我国云南、广西、海南及非洲和美洲的热带地区等都有分布。

〖识别要点〗

1. 株形株高：常绿亚灌木、灌木或小乔木，株形整齐，株高 1 ~ 3 m，盆栽株高 50 ~ 150 cm。

2. 茎：茎干挺拔，不分枝或稍分枝，有疏的环状叶痕，皮灰色。

3. 叶：叶生于茎上部或近顶端，彼此有一定距离，叶片长椭圆状披针形，有亮黄色或乳白色的条纹，长 20 ~ 45 cm，宽 6 ~ 10 cm，尖稍钝，弯曲成弓形；叶缘鲜绿色，且具波浪状起伏，有光泽；叶基部渐窄成柄状，有时有明显的柄，柄长 2 ~ 6 cm。

图 7—42　巴西铁

4. 花序和花：圆锥花序长 30～50 cm，花序轴无毛；花每 2～3 朵簇生或单生，绿白色；花小，不显著，芳香。

5. 果实：浆果，橘黄色，具 1～2 颗种子。花期 3—5 月，果期 6—8 月。

〖类型及品种〗常见的园艺品种有：

1. 金心巴西铁（中斑香龙血树）：叶片中肋为金黄色条纹，两边绿色。

2. 金边巴西铁（金边香龙血树）：叶片边缘呈金黄色纵纹，中央为绿色。

〖观赏期〗观叶植物，周年观赏。

〖园林用途〗树体健壮雄伟，叶片清丽洒脱，叶色碧绿亮泽，生机盎然，被誉为“观叶植物的新星”，是颇为流行的室内大型盆栽花木，尤其适合在较宽阔的办公室、客厅、书房、起居室内摆放，格调高雅、质朴，并带有南国风情。

【小知识】

巴西铁叶片和根部能吸收二甲苯、甲苯、三氯乙烯、苯和甲醛，并可将其分解为无害物质，适用于室内空气净化。

七、变叶木 *Codiaeum variegatum*（见图 7—43）

〖别名〗洒金榕。

〖科属〗大戟科变叶木属。

〖产地及分布〗原产于东南亚及澳大利亚。

图 7—43　变叶木

〖识别要点〗

1. 株形株高：常绿灌木，株高 2.5 m。

2. 茎：枝条无毛，有明显叶痕。

3. 叶：单叶互生，聚生于顶部，有柄，薄革质，叶形千变万化，有线形、线状披针形、长圆形、椭圆形、披针形、卵形、匙形、提琴形至倒卵形，有时由长的中脉把叶片间断成上、下两片。叶色五彩缤纷，有黄、红、粉、绿、橙、紫红和褐等色。

4. 花序和花：花单性，不明显，总状花序，雄花白色，雌花绿色。

〖类型及品种〗常见的栽培变型有长叶变叶木、复叶变叶木、螺旋叶变叶木、戟叶变叶木等。

〖观赏期〗观叶植物，周年观赏。

〖园林用途〗叶形、叶色的变化显示出色彩美、姿态美，在观叶植物中深受人们的喜爱。在华南地区多用于公园、绿地和庭院美化，既可丛植，又可作绿篱；在长江流域及以北地区均作盆栽观赏，用于装饰房间、厅堂和布置会场。枝叶是插花理想的配叶材料。

【小知识】

变叶木乳汁有毒，人畜误食其叶或液汁，会出现腹痛、腹泻等中毒症状。变叶木乳汁中还含有激活 EB 病毒的物质，长时间接触有诱发鼻咽癌的可能。

八、榕类 *Ficus* spp.

〖科属〗桑科榕属。

〖产地及分布〗原产于热带和亚热带地区，同属植物约 1 000 种，我国有 20 种，分布于西南至东南一带。

〖识别要点〗

1. 株形株高：常绿乔木或灌木，有乳汁。

2. 叶：单叶互生，多全缘；托叶合生，包被于顶芽外，脱落后留下一环形痕迹。

3. 花序和花：花多雌雄同株，生于球形、中空的花托内。

〖类型及品种〗常见栽培的种与品种有：

1. 橡皮树（F.*elastica*）：又名印度橡皮树、印度榕、印度胶榕。树体高大、粗壮。叶片较大，厚革质，有光泽，密集互生，长椭圆形，长 10～30 cm，叶面暗绿色，叶背淡绿色；幼叶初生时内卷，包被于红色托叶内，新叶伸展后托叶脱落。有叶缘为金黄色的金边橡皮树；叶片生有许多不规则的黄白色斑块的花叶橡皮树；叶片厚实，浓绿带红色，叶苞红色的红苞橡皮树等品种。如图 7—44 所示。

图 7—44　橡皮树

2. 琴叶榕（F.*lyrata*）：又名琴叶橡皮树。常绿乔木，自然分枝少。叶片宽大，呈提琴状，厚革质，深绿色，有光泽。叶脉粗大凹陷，叶缘波浪状起伏，风格粗犷，质感粗糙。如图 7—45 所示。

3. 垂榕（F.*benjamina*）：又名垂叶榕、小叶榕、细叶榕、垂枝榕。自然分枝少，小枝柔软下垂。幼树期茎干柔软，可进行编株造型。叶片革质，亮绿色，卵圆形至椭圆形，有长尾尖。叶片茂密丛生，质感细碎柔和。常见栽培的主要品种有‘花叶垂枝榕’（‘Golden princess’）：常绿灌木，枝条稀疏，叶缘及叶脉具浅黄色斑纹。如图 7—46 所示。

〖观赏期〗观叶植物，周年观赏。

图 7—45　琴叶榕

图 7—46　垂榕

〖园林用途〗因种不同而风格各异，有的粗犷厚重，有的高雅潇洒，有的叶色奇丽，是室内常用的观叶植物。

【小思考】

请大家到当地花卉市场调查一下，榕属还有哪些常见的栽培种类。

九、鹅掌藤 *Schefflera arboricola*（见图 7—47）

〖别名〗七叶莲、手树、七叶藤、七加皮、汉桃叶、狗脚蹄。

〖科属〗五加科鸭脚木属。

〖产地及分布〗原产于热带和亚热带，大洋洲、新西兰、印度尼西亚、我国南部等地有分布，我国西南至东部有野生。

图 7—47　鹅掌藤

〖识别要点〗

1. 株形株高：常绿半蔓性灌木，成株可高达 3～4 m。

2. 茎：茎直立柔韧，分枝多，枝条密集，茎节处易生细长气生根。

3. 叶：掌状复叶互生，有小叶 7～9 枚，长椭圆形，深绿色，有光泽，叶柄细。

4. 花序和花：花淡黄绿色，秋、冬季开花。

5. 果实：浆果，红黄色，春季成熟。

〖类型及品种〗同属植物约有 150 种。园艺品种叶大多短而宽，小叶 5～9 枚，先端圆钝，有不同的金黄色斑纹品种。常见的栽培种还有澳洲鸭脚木（S.*actinophylla*）：又名大叶伞、昆士兰伞树。常绿乔木，盆栽株高 1～2 m，掌状复叶，小叶数随树木的年龄而异，幼年时 3～5 片，长大时 9～12 片，至乔木状时可多达 16 片。叶柄长，叶色深绿或带有花斑。

〖观赏期〗观叶植物，周年观赏。

〖园林用途〗株形圆整，枝繁叶茂，柔美清新，是室内优良的盆栽观叶植物。可以单株盆栽，也可数株捆绑于柱上观赏。可切叶作插花配叶。

【小知识】

鹅掌藤，顾名思义，其叶形酷似鹅宝宝的脚丫，虽名为藤，其实多半会长成“灌木”的形态。人类的皮肤晒太阳会越晒越黑，可是鹅掌藤的叶片却相反，日照充足时是亮绿色，日照不足则会变成较深的浓绿色。

十、红背桂 *Excoecaria cochinchinensis*（见图 7—48）

〖别名〗青紫木、红叶桂、红背桂花。

〖科属〗大戟科土沉香属。

〖产地及分布〗原产于我国广东、广西和台湾，越南也有分布。

〖识别要点〗

1. 株形株高：常绿灌木，株高 60～80 cm。

2. 茎：茎披散状，分枝多，枝无毛，具多数皮孔。

3. 叶：单叶对生，叶片狭椭圆形或长圆形，顶端长渐尖，基部渐狭，边缘有疏细齿；叶面绿色，背面紫红或血红色；中脉于两面均凸起；叶柄短。

4. 花序和花：花小，单性，雌雄异株，有时同株，聚集成腋生或稀兼有顶生的总状花序。花期 5—6 月。

5. 果实：蒴果，红色。

图 7—48　红背桂

〖类型及品种〗有园艺品种‘花叶红背桂’(*Excoecaria bicolor* var. *purpuvascens* ‘*Variegata*’)：又称斑叶红背桂、斑叶青紫木。常绿小灌木，树皮光滑，灰白色；茎多分枝，丛生；叶对生，矩圆形或倒卵状矩圆形，叶表面绿色具白色斑块，叶背呈亮红色，比红背桂更抢眼，是优良的观叶植物，极适合点缀庭院或盆栽。如图 7—49 所示。

图 7—49　花叶红背桂

〖观赏期〗观叶植物，周年观赏。

〖园林用途〗枝叶飘飒，清新秀丽，叶面亮绿，叶背紫红，是盆栽观叶花卉。在华南地区可用于庭院、公园、居住小区绿化。茂密的株丛，鲜艳的叶色，可与建筑物或树丛构成自然、闲趣的景观。

【小知识】

红背桂虽然别称为“红背桂花”，但它和桂花可不是一个科的。桂花为木犀科植物，而红背桂则是大戟科的。这一点大家可要分清楚。

十一、袖珍椰子 *Chamaedorea elegans*（见图 7—50）

〖别名〗矮生椰子、矮棕、玲珑椰子、袖珍棕。

〖科属〗棕榈科袖珍椰子属。

〖产地及分布〗原产于墨西哥、危地马拉等中南美洲热带地区。

图 7—50 袖珍椰子

〖识别要点〗

1. 株形株高：常绿小灌木，株高可达 200 cm，盆栽株高 30～60 cm。

2. 茎：茎干细长直立，不分枝，深绿色，上具不规则环纹。

3. 叶：叶一般着生于茎顶，羽状全裂，裂片披针形，有光泽。顶端两枚裂片的基部常合生为鱼尾状；嫩叶绿色，老叶墨绿色，表面有光泽，如蜡制品。

4. 花序和花：肉穗状花序腋生，花单性，雌雄同株，花黄色呈小珠状，春季开花。

5. 果实：小浆果，卵圆形，成熟时多为橙红色或黄色。

〖类型及品种〗有两种植物外形与“袖珍椰子”较相似，具体区别如下：

1. 散尾葵：如图 7—39 所示。

2. 夏威夷椰子（*Pritchardia gaudichaudii* H.wendl）：棕榈科茶马椰子属。茎干直立，株高 1～3 m。茎节短，中空，从地下匍匐茎发新芽而抽长新枝，呈丛生状生长，不分枝。叶多着生茎干中上部，为羽状全裂，裂片披针形，互生，叶深绿色，且有光泽。花为肉穗花序，腋生于茎干中上部节位上，粉红色。浆果，紫红色。开花挂果期可长达 2～3 个月。如图 7—51 所示。

〖观赏期〗观叶植物，周年观赏。

〖园林用途〗植株小巧玲珑，株形优美，姿态秀雅，叶色浓绿光亮，耐阴性强，是优良的室内中、小型盆栽观叶植物。小株宜用小盆栽植，置案头桌面，为台上珍品，也宜悬吊室内，装饰空间。大株可供厅堂、会议室、候机室等处陈列。

图 7—51　夏威夷椰子

【小知识】

袖珍椰子能同时净化空气中的苯、三氯乙烯和甲醛，是植物中的“高效空气净化器”，非常适合摆放在室内或新装修好的居室中。

思考与练习

1. 什么是观叶类盆栽花卉?

2. 室内观叶类盆栽花卉的选择标准是什么?

3. 请举例说明你所在地区有哪些常见的观叶类盆栽花卉种类，并标注科属和主要识别特征。

第八章

温室观果类盆栽花卉识别

第一节

观果类花卉基础知识

一、观果类花卉的分类

1. 按生长习性分类

（1）常绿木本果类。如佛手、金橘、柑橘、代代、柚子、柠檬、橄榄、枇杷等。原产于亚热带及热带地区，大多为南方果树，北方可保护地栽培。

（2）落叶木本果类。如石榴、海棠果、木瓜、山楂、桃、梨、梅、杏等。原产于温带及暖温带地区，多为北方果树。

（3）藤本果类。如葫芦、观赏南瓜、葡萄、猕猴桃、罗汉果、霹雳、金樱子等，可供棚架、花架、廊架垂直美化用。

（4）草本果类。如观赏辣椒（五色椒）、乳茄、草莓、蛇莓等，可供盆栽观赏和地被美化用。

2. 按实用功能分类

（1）食用果类。如金橘、柑橘、代代、柚子、柠檬、橄榄、枇杷、石榴、海棠果、山楂、桃、梨、梅、杏、葡萄、猕猴桃等。

（2）观赏果类。如冬珊瑚、枸骨、金弹子、冬青、南天竹、火棘、胡颓子等。

（3）药用果类。如朱砂根、木瓜、佛手、霹雳、枸杞、山茱萸、金樱子、酸枣、罗汉果等。

3. 按果实色彩分类

（1）红色果。如朱砂根、枸骨、枸杞、冬青、南天竹、火棘、冬珊瑚、金弹子、小檗、山楂等。

（2）黄色果。如佛手、金橘、代代、柚子、柠檬、枇杷、木瓜等。

（3）蓝黑色果。如女贞、桂花、五加、地锦等。

（4）紫色果。如紫珠、紫葡萄、紫石榴等。

（5）白色果。如红瑞木、雪果、湖北花楸等。

（6）花（多）色果。如观赏南瓜、五色椒、飞碟瓜等。

二、观果类花卉的应用

1. 室内外装饰布置，庭院棚架、廊架美化等。
2. 盆栽、盆景开发应用。
3. 采摘园。
4. 儿童乐园的配植应用。
5. 食用、药用、果品加工等。

第二节
常见温室观果类盆栽花卉识别

一、乳茄 *Solanum mammosum*（见图 8—1）

〖别名〗五代同堂、黄金果、五指茄。

〖科属〗茄科茄属。

图 8—1　乳茄

〖产地及分布〗原产于中美洲热带地区。

〖识别要点〗

1. 株形株高：常绿小灌木，全株被蜡黄色扁刺，株高约 100 cm。

2. 茎：茎直立，茎上生细茸毛，并着生锐刺。

3. 叶：叶片稀疏，对生，圆形至广椭圆形，叶缘浅缺裂，叶上有细茸毛及锐刺。

4. 花和花序：花蕾略下垂，花瓣 5 枚，紫色，黄色花药呈锥形。

5. 果实：呈倒置的梨状，基部有 5 个乳头状突起，果熟时为橙黄色至金黄色。

〖类型及品种〗茄属其他观赏茄：一年生草本，株高 15～50 cm，果形有尖锥形、球形、纺锤形、卵形等。果实有朝天性或下垂性。果色娇美，有黄、橙、红、紫黑等色。果可食用。如图 8—2 所示。

图 8—2 观赏茄

〖观赏期〗9 月至翌年 3 月。

〖园林用途〗果实成熟后可连枝条剪下，状似塑胶制品，是高级的插花材料。果实可摆设观赏，经久不变色，不干缩，适合庭院露地栽培或剪切果材作插花材料。盆栽必须使用直径超过 33 cm 的大花盆。

【小知识】

在我国民间，乳茄是一种吉祥的植物，象征五福临门、金玉满堂、富贵发财等；又因取名五代同堂，有子孙繁衍不息、代代相传的寓意，因此是年宵花市上备受青睐的观果花卉。在西方，乳茄的花语是老少安康、金银无缺。

二、观赏南瓜 *Cucurbita pepo* var.*ovifera*（见图 8—3）

〖别名〗观赏西葫芦、看瓜。

〖科属〗葫芦科南瓜属。

〖产地及分布〗原产于南美热带，现广泛栽培。

图 8—3　观赏南瓜

〖识别要点〗

1. 株形株高：一年生蔓性草本，全株密被细毛。

2. 茎：茎长达数米，其上有刺。

3. 叶：单叶互生，叶质硬、直立，心形或宽卵形，常深裂，个别叶脉间有银白色斑，边缘具不规则锐齿，两面粗糙，被毛刺；卷须多分叉。

4. 花序和花：雌雄同株异花，筒状花单生，花冠黄色。

5. 果实：颜色呈白、黄、橙等色，形状有圆、扁圆、长圆、钟形、梨形等。

〖类型及品种〗常见品种有：‘鸳鸯梨’、‘金童’、‘玉女’、‘皇冠’、‘龙凤飘’、‘福瓜’、‘疙瘩’、‘瓜皮’、‘东升’、‘青栗’、‘珍珠’、‘巨型南瓜’等。还有一变种——‘飞碟’瓜（*Cucurbita pepo* var. *patisson*）：果缘具棱齿，扁圆、碟形或钟状，故称之为飞碟瓜。它为虫媒花植物，以观果为主，果实也可食用。

〖观赏期〗从播种到采收第一批瓜需 58 d 左右。每株结瓜 5～7 个，第 4～5 叶节处结第一个瓜，以后几乎每一叶都结瓜，观赏期长。

〖园林用途〗既可于房前屋后栽培观赏，又可将不同形状和色泽的南瓜拼成瓜篮，再配衬一些美丽的干花，陈放于室内，令人耳目一新，独具观赏价值。

【小知识】

观赏南瓜的观赏性别具一格，且适应性强，栽培技术简单，既可食用又可观赏，故市场售价是普通南瓜的3～5倍，且具有广阔的市场开发前景。

三、观赏椒 *Capsicum frutescens*（见图8—4）

〖别名〗五色椒、樱桃椒。

〖科属〗茄科辣椒属。

〖产地及分布〗原产于美洲热带。

图8—4 观赏椒

〖识别要点〗

1. 株形株高：一年生草本，株高约60 cm。
2. 茎：茎半木质化呈半灌木状，分枝多。
3. 叶：单叶互生，卵状披针形，似食用辣椒。
4. 花序和花：花白色，单生叶腋或簇生于枝顶。
5. 果实：浆果直立，指形，圆锥形或球形，有红、黄、白、紫诸色。

〖类型及品种〗常见的观赏种包括佛手椒、珍珠椒、朝天椒、七姐妹椒、黄线椒、小米椒、五彩椒等；此外，还有果卷曲如小蛇状的蛇形椒，果色鲜红、大小似樱桃的樱桃椒，嫩果色为黑紫色的黑色指天椒，果实大小和形状宛如鲜枣般的枣形椒，果实形如风铃的风铃椒，以及红太阳、贵宾橙色、黄金、白雪紫玉、紫宝石等彩椒。

〖观赏期〗观果期 8 月至冬季。

〖园林用途〗体态姣小，株形优雅，好栽易养，果形奇特，果色艳丽多变，观赏价值高，既可盆栽观赏，又可夏、秋季布置于花坛和花境中。

四、佛手 *Citrus medica* var.*sarcodactylis*（见图 8—5）

〖别名〗佛手柑、五指柑、九爪木、福寿橘。

〖科属〗芸香科柑橘属。

〖产地及分布〗原产于中国、印度及地中海沿岸。

图 8—5　佛手

〖识别要点〗

1. 株形株高：小乔木或灌木，株高 100～300 cm。

2. 茎：枝有刺，幼叶枝带紫红色。小型盆栽 0.8～1 m 不等。

3. 叶：单叶互生，革质，叶柄短而无翅；叶片椭圆形或倒卵状矩圆形，先端钝，叶缘具波状钝锯齿，侧脉明显。叶表面深黄绿色，背面浅绿色。

4. 花序和花：圆锥花序或为腋生的花束；雄花较多，丛生；萼杯状，先端 5 裂；花瓣 5，内面白色，外面淡紫色；雄蕊 30 以上；雌花子房上部渐狭，10～13 室，花柱有时宿存。

5. 果实：色泽金黄，香气浓郁，奇特似手，顶部裂如拳或张开如指。

〖类型及品种〗

1. 白花佛手：嫩梢呈浅绿色，老熟叶呈草绿色。初现花蕾呈淡绿色，渐渐变为蜡白色，至开放时仍为蜡白色。

2. 紫花佛手：嫩梢呈紫红色，老熟叶呈草绿色。初现花蕾呈深红色，渐渐变为红色，至开放时为紫红色。

〖观赏期〗花期 4—5 月，果熟期 10—12 月。

〖园林用途〗植株秀丽，果姿奇异，颜色金黄，香气浓郁，是一种名贵的常绿观果花卉。南方可配植于庭院中，北方可盆栽点缀室内环境。

【小知识】

佛手因其果实成熟时各心皮分离，形成细长弯曲的果瓣，状如手指而得名。握指合拳的为“拳佛手”，伸指开展的为“开佛手”。

五、冬珊瑚 *Solanum pseudo-capsicum*（见图 8—6）

〖别名〗珊瑚樱、吉庆果、珊瑚子、红珊瑚、玉珊瑚、野辣茄、野海椒、珊瑚豆。

〖科属〗茄科茄属。

〖产地及分布〗原产于欧亚热带，我国华东、华南地区有野生分布。

图 8—6　冬珊瑚

〖识别要点〗

1. 株形株高：直立半灌木，株高 30 ~ 80 cm。

2. 茎：茎枝具细刺毛。

3. 叶：单叶互生，具柄，披针形或狭矩圆形，叶缘波状。

4. 花序和花：单生叶腋或与叶对生，白色，花萼、花冠 5 裂。

5. 果实：浆果，球形，10 月上旬以前翠绿色，后变浅，11 月上旬变为鲜红色，经冬不落。

〖类型及品种〗矮生种、橙果种、尖果种。

〖观赏期〗花期 4—7 月，果熟期 8—12 月。

〖园林用途〗中小型盆栽，果实艳丽，经久不落，栽培容易，是秋、冬季的观果花卉。元旦、春节期间，陈设于厅堂几架、窗台上，可增加喜庆气氛。除盆栽观果外，还可用于布置花坛、花境，或植于隙地、林缘。

【小知识】

大家一定要注意，冬珊瑚全株有毒，叶比果毒性更大。误食后的中毒症状为头晕、恶心、思睡、剧烈腹痛、瞳孔散大。栽培过程中切忌误食叶、果。

六、金橘 *Fortunella margarita*（见图 8—7）

〖别名〗洋奶橘、牛奶橘、金弹、金柑。

图 8—7　金橘

〖科属〗芸香科金柑属。

〖产地及分布〗原产于我国广东、浙江等省。

〖识别要点〗

1. 株形株高：常绿灌木，株高 80～150 cm。

2. 茎：茎无刺，多分枝。幼枝具棱。

3. 叶：单身复叶互生，叶片披针形至矩圆形，长 5～9 cm，宽 2～3 cm，全缘或具不明显的细锯齿，表面深绿色，光亮。背面浅绿色，有散生腺点。

4. 花序和花：单花或 2～3 花集生于叶腋；花小，白色，芳香；萼片 5，绿色；花瓣 5，白色。

5. 果实：果矩圆形或卵形，金黄色。果皮肉质而厚，平滑，有许多腺点，有香味。

〖类型及品种〗

1. 四季橘：四季开花结果，果倒卵形，不可食。

2. 金柑：叶缘向外翻卷，果小倒卵形，可生食。

3. 圆金橘：矮小灌木，果圆形皮厚，可食。

4. 长叶金橘：叶子特长，果圆形，皮薄。

5. 金豆：矮小灌木，果实圆形，小如黄豆，不可食。

〖观赏期〗花期 5—8 月，果熟期 10—12 月。

〖园林用途〗四季常青，枝叶茂密，花朵皎洁雪白、娇小玲珑、芳香远逸，果熟时金黄色。垂挂枝梢，味甜色丽，为我国特有的冬季观果盆景珍品。可丛植于庭院，盆栽可陈列于室内观赏。

【小知识】

金橘果皮中的维生素 C 含量高达 70 mg/g，全果维生素 C 含量 43 mg/g，几乎可和猕猴桃媲美，此外还有丰富的胡萝卜素、蛋白质、脂质、无机盐、锌和铁等微量元素，营养价值较高。

七、朱砂根 *Ardisia crenata*（见图 8—8）

〖别名〗大罗伞、铁雨伞、平地木、石青子。

〖科属〗紫金牛科紫金牛属。

〖产地及分布〗原产于中美洲热带地区，分布于我国大陆的长江中下游地区、华南以及台湾地区，日本、爪哇也有分布。

〖识别要点〗

1. 株形株高：常绿灌木，株高 100～200 cm。

图 8—8　朱砂根

2. 茎：茎直立，除侧生特殊花枝外，无分枝。

3. 叶：叶互生，革质，长椭圆形或倒披针形，先端急尖或渐尖，边缘皱波状或波状。叶面通常无毛，背面被细微柔毛，尤以中脉为多，具疏腺点，侧脉平展，与中脉几成直角，至近边缘上弯，构成不规则而明显的边缘脉，与叶缘远离，细脉不明显；叶柄被细微柔毛。

4. 花序和花：花序顶生伞形或聚伞形，白色或淡红色。宿存萼片平展，与果梗通常呈紫红色。

5. 果实：浆果，熟时呈鲜红色。

〖类型及品种〗有白色或黄色种。

〖观赏期〗花期 5—6 月；果熟期 10—12 月，有时 2—4 月。

〖园林用途〗四季常青，株形优美，小巧玲珑，叶密滴翠，春、夏季淡红花朵飘香，秋末红果成串，晶莹剔透，与绿叶相映成趣。适于盆栽观果，也可在荫蔽林下、露地、山石园中点缀种植或成带种植。

八、紫珠 *Callicarpa japonica*（见图 8—9）

〖别名〗珊瑚樱、吉庆果、珊瑚子、紫珠草、白棠子树。

〖科属〗马鞭草科紫珠属。

〖产地及分布〗原产于我国黄河以南的部分省（区），日本、越南也有分布。

图 8—9 紫珠

〖识别要点〗

1. 株形株高：落叶灌木，株高约 200 cm。

2. 茎：小枝光滑，略带紫红色，有少量的星状毛。

3. 叶：叶对生，卵形、倒卵形至卵状椭圆形，边缘有细锯齿。

4. 花序和花：聚伞花序腋生，花冠淡紫色或粉红色，花朵有白、粉红、淡紫等色。

5. 果实：浆果状核果，球形，紫色，有光泽，经冬不落。

〖类型及品种〗大叶紫珠、长叶紫珠、红紫珠。

〖观赏期〗花期 6—7 月，果期 9 月。

〖园林用途〗株形秀丽，花色绚丽，果实色彩鲜艳，珠圆玉润，犹如一颗颗紫色的珍珠，是一种既可观花又能赏果的优良花卉品种，常用于园林绿化或庭院栽种，也可盆栽观赏。果穗还可剪下瓶插或作切花材料。

思考与练习

1. 请写出你所认识的观果植物，并注明科属。

2. 观果植物的应用有何特点和优势？

实训七　常见温室观花、观叶、观果类盆栽花卉的识别

一、实训目的

掌握常见温室观花、观叶、观果类盆栽花卉的形态特征及园林用途。

二、实训组织形式

1. 将全班学生分成 6～8 个小组，教师讲解与学生分组活动相结合。

2. 实习地点可选择当地较大型温室，如大型花卉市场或学校的教学温室等。

三、实训内容

1. 教师现场指导学生识别常见温室观花、观叶、观果类盆栽花卉 50 种以上，让学生掌握不同类型花卉的形态特征和识别要点，了解它们的园林用途，并完成表 7—1。

2. 了解当地花卉市场主要经营的温室观花、观叶、观果类盆栽花卉种类，完成表 7—2。

四、考核评估

1. 优秀：90 分以上。

2. 良好：80～90 分。

3. 中等：70～79 分。

4. 及格：60～69 分。

表 7—1　常见温室观花、观叶、观果类盆栽花卉形态特征一览表

调查时间:　　　　　　　　调查人员:

序号	花卉名称	叶的特征	茎的特征	花、果的特征

表 7—2　当地花卉市场常见温室观花、观叶、观果类盆栽花卉种类调查表

调查时间：　　　　　　　　调查人员：

序号	温室观花类盆栽花卉	序号	温室观叶类盆栽花卉	序号	温室观果类盆栽花卉

第九章

温室多肉多浆类盆栽花卉识别

第一节
多肉多浆类花卉基础知识

一、多肉多浆类花卉概念

茎、叶肥厚多汁且具有发达的储水组织，呈现肥厚而多浆的变态状的花卉，统称为多肉多浆类花卉。多肉多浆类花卉中属仙人掌科的种类最多，因而栽培上又将其单列为仙人掌类植物，而将其他科的植物称为多浆植物。

二、仙人掌类植物概况

仙人掌类植物共有 140 余属 2 000 多种，主要产地是美洲的巴西、阿根廷、墨西哥等热带及亚热带地区，少数产于亚洲、非洲。我国广西、广东、云南、贵州一带有野生状态的仙人掌，常用作篱垣；南京、上海、杭州等温带地区可作温室栽培。

仙人掌类植物除叶仙人掌及附生类型外，还有柱状、扁平状或球形等体形。其肉质茎上有特殊的器官刺窝，有刺、刺毛、柔毛或毛丛；花两性，大小不一，有纯白、纯黄、金黄、粉红、大红、玫瑰红等色；雌雄蕊也有翠绿、金黄、大红、白等色，雄蕊多数，附生于花喉部，花柱细长，单生，柱头多分裂；果实多数为肉质浆果，有的色鲜红如珊瑚，都具有很好的观赏价值。

三、多肉多浆类花卉的分类

1. 按植物的形态分类

（1）叶多浆花卉。储水组织主要分布在叶片器官内，叶形变异极大。从形态上看叶片为主体，茎器官处于次要位置。如石莲花、芦荟等。

（2）茎多浆花卉。储水组织主要在茎器官内。从形态上看茎占主体，而且变异较大，绿色，并代替叶片进行光合作用，叶片退化或脱落。如仙人掌、鼠尾掌等。

2. 按产地及生态环境分类

（1）原产于热带、亚热带干旱地区或沙漠地带。这类植物在土壤及空气极为干旱的条件下，借助于茎、叶的储水能力而生存。如金琥、龙爪球等。

（2）原产于热带、亚热带的高山干旱地区。这类植物的叶片多呈现莲座状或密被蜡层及茸毛。

（3）原产于热带森林。这类植物附生于树干及岩石上，如量天尺、昙花等。

四、多肉多浆类花卉的习性

1. 生长期和休眠期明显

大部分仙人掌科植物原产于南、北美热带地区，为适应当地明显的雨季及旱季，形成了生长期和休眠期交替的习性。即在雨季吸收大量的水分，迅速地生长、开花、结果，休眠期借助储存的水分维持生命。

2. 耐旱性极强

因长期生活在干旱的环境条件下，多肉多浆类花卉产生了许多适应此类环境的旱生构造，如叶片退化、变小，茎干及叶被毛，表面角质层厚或被蜡层等，以防止水分过度蒸腾；茎、叶肉质化，以储存生长所需的水分。

五、多肉多浆类花卉的观赏特性

多肉多浆类花卉种类繁多，趣味横生，观赏特性主要表现在：

1. 花姿多变，花色艳丽，花形丰富

多肉多浆类花卉的花冠有漏斗状、管状、钟状等；花色以白色、黄色、红色为多，且多数花朵有金属光泽；花的着生位置有侧生、顶生和沟生。夜间开放的花朵，还常具有芳香。

2. 刺形多样，体态奇特

仙人掌类花卉通常在变态茎上着生刺座，其刺座的大小及排列方式因种而异。刺座上除着生刺、毛外，有时也着生子球、茎节或花朵。刺的形状可分为刚毛状刺、针状刺、钩状刺、舌状刺等，刺形多变，刚直有力。从体态上看，仙人掌类花卉有扁形、圆形、多角形等，也有像山影拳的茎发育为不规则形，整体呈熔岩堆积姿态，清奇而古雅。

第二节
常见温室仙人掌类盆栽花卉识别

一、金琥 *Echinocactus grusonii*（见图 9—1）

〖别名〗象牙球、金桶球。

〖科属〗仙人掌科金琥属。

〖产地及分布〗原产于墨西哥中部的干旱沙漠及半沙漠地区，现大部分地区均有栽培，在较冷地区需温室栽培。

图 9—1 金琥

〖识别要点〗

1. 株形株高：常绿植物。植株呈圆球形，通常单生，株高可达 50 cm。

2. 茎：球茎可达 50 cm，具 21～37 条棱，排列整齐。沟宽而深，峰较狭。球顶密被金黄色绵毛。

3. 叶：叶退化成刺，刺座大，有金黄色或淡黄色绒毛；被 7～9 枚放射状金黄色硬刺，刺长 3～5 cm，硬而直，全部为金黄色，以后变淡或成白色，有光泽，形似象牙，故有“象牙球”之称。

4. 花序和花：花生于茎顶绵毛丛中，钟形，黄色，外瓣内侧带褐色，内瓣亮黄色，花筒被尖鳞片。

5. 果实：果实被鳞片及绵毛，种子黑色、光滑。

〖类型及品种〗在栽培中常见的变种或类型有：

1. 白刺金琥（var.*albispinus*）：刺白色。

2. 狂刺金琥（var.*intertextus*）：刺不规则弯曲，较为珍奇。

3. 金琥锦（f.*variegata*）：球体黄绿相间。

〖观赏期〗既可观花，又可观茎，花期 6—10 月，周年观赏。

〖园林用途〗球体形大碧绿，金刺夺目，是珍贵的观赏仙人掌类植物。小型个体宜盆中独栽，置于几案、书桌，富有情趣；大型个体宜地栽群植，布置专类园。群植时，大、小金琥疏密有致、高低错落地排列于微地形上，形成干旱、半干旱沙漠地带的自然景观。也可培养成大型标本球。

【小知识】

金琥可吸收电磁辐射，释放出大量氧气。因此经常用电脑的人们，在办公桌上摆上一颗小的金琥，有利于减少电磁辐射污染，还可以增加空气中的负离子浓度。

二、仙人掌 *Opuntia dillenii*（见图 9—2）

〖别名〗仙人扇、霸王树、仙巴掌、仙桃、火掌。

〖科属〗仙人掌科仙人掌属。

〖产地及分布〗原产于美洲，现主要分布于美国佛罗里达、西印度群岛、墨西哥及南美热带地区，中国、印度、澳大利亚及其他热带、亚热带地区也有分布。

图 9—2　仙人掌

〖识别要点〗

1. 株形株高：常绿植物，植株丛生成大灌木状，株高可达 2 m 以上。

2. 茎：茎下部近木质状，多分枝，茎节扁平，倒卵形至长椭圆形，肥厚多肉，幼茎鲜绿色，老茎灰绿色。

3. 叶：叶钻状，早期脱落。刺座疏散，幼时被褐色或白色短绵毛，不久脱落。针刺短，密集，黄褐色。

4. 花序和花：花单生茎节上部，短漏斗形，鲜黄色。

5. 果实：浆果，肉质，倒卵形或梨形，无刺，红色或紫色。

〖类型及品种〗常见种类有：

1. 棉花掌（*O.leucotricha*）：茎节椭圆形，暗绿色，刺座密被白色细长软刺，花黄色。

2. 褐毛掌（*O.basilaris*）：茎节扁平，长 5～12 cm，刺座无刺，具褐色钩毛，花粉红。

3. 锁链掌（*O.imbricate*）：茎节筒状，似锁链，蓝绿色，花粉色。

4. 仙桃（*O.ficus-indica*）：茎节椭圆形，灰绿色，花黄色，果可食。

〖观赏期〗既可观茎又可观花，花期 6—10 月，周年观赏。

〖园林用途〗宜盆栽室内观赏，给人以生机勃勃之感。夜间可放出大量氧气，是居室内用于清新空气的优良植物。地栽与山石配植，可构成热带沙漠景观。在热带地区可庭植。

【小知识】

经测定：每 100 g 可食仙人掌中约含维生素 A 220 μg，维生素 C 16 mg，蛋白质 1.6 g，铁 2.7 mg，可以产生 25～30 千卡的热量。近年来，许多国家开始用仙人掌治疗动脉硬化、糖尿病和肥胖症，并且取得了很好的效果。

三、昙花 *Epiphyllum oxypetalum*（见图 9—3）

〖别名〗月下美人、昙华、琼花。

〖科属〗仙人掌科昙花属。

〖产地及分布〗原产于墨西哥至巴西的热带雨林中。

〖识别要点〗

1. 株形株高：附生型多肉植物。株高可达 3 m。茎叉状分枝，地栽呈灌木状。

2. 茎：老茎圆柱形，木质；新枝扁平叶状，多具 2 棱，长椭圆形，边缘波状，具圆齿，刺座生于圆齿缺刻处。

3. 叶：幼枝有刺毛状刺，老枝无刺。

4. 花序和花：花大型，漏斗状，生于叶状枝边缘，花无梗；花萼筒状，红色；花冠白色，重瓣，纯白色。夜里开放数小时后凋谢。

图 9—3　昙花

5. 果实：浆果，红色，种子黑色。

〖类型及品种〗通过杂交，选育出 3 000 多个从浅黄到玫瑰红、橙红等的各色品种。

〖观赏期〗观花花卉，也可观茎。花期 8—9 月。

〖园林用途〗美丽珍奇的盆栽花卉。开花时，香气四逸，光彩夺目，非常壮观。

【小知识】

昙花享有“月下美人”之誉。每逢夏、秋节令，繁星满天、夜深人静时，昙花开放，展现美姿秀色，过 1～2 h 花开始慢慢枯萎，整个过程仅持续 4 h 左右。当人们还沉浸在梦乡时，素净芬芳的昙花转瞬已闭合而凋萎，故有“昙花一现”的说法。昙花奇妙的开花习性，常引起花卉爱好者的浓厚兴趣。

四、仙人球 *Echinopsis tubiflora*（见图 9—4）

〖别名〗刺球、雪球、花盛球、草球。

〖科属〗仙人掌科仙人球属。

〖产地及分布〗原产于阿根廷及巴西，主要分布于湿、热地区。

〖识别要点〗

1. 株形株高：幼龄植株为球形，老株呈圆筒状，株高可达 75 cm。

2. 茎：球体暗绿色，肉质，有纵棱 11～12 条，棱规则并呈波状。

3. 叶：棱上密生针刺，刺锥状，直硬，黑色，作辐射状。

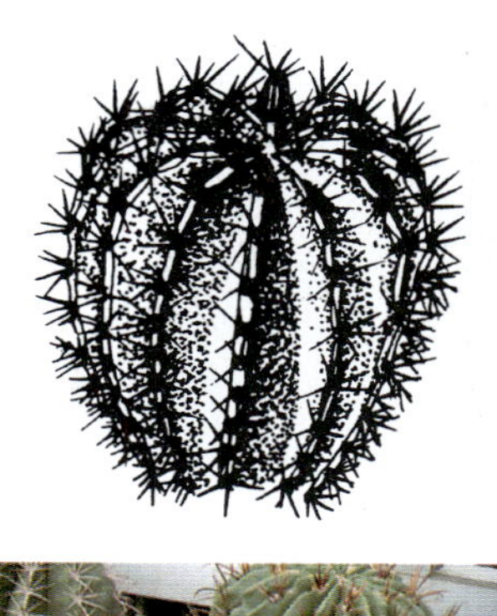

图 9—4　仙人球

4. 花序和花：花着生于球体侧方，呈长喇叭状，白色，清香；花筒外被鳞片，鳞腋有长毛。

5. 果实：果肉质，种子细小。

〖类型及品种〗就其外观来看，可分为绒类、疣类、宝类、毛柱类、强刺类、海胆类、顶花类等。刺毛也有长、短、稀、密之分。颜色有红、黄、金黄等色。

〖观赏期〗既可观茎，又可观花。只要温度适合，一年四季都能开花。

〖园林用途〗栽培容易，生长快速，花大美丽，适于盆栽观赏。

【小知识】

传统的仙人球种植在沙里。通过植物水生诱变技术培育出的水培仙人球，可用营养液代替沙进行栽培。将其放入玻璃器皿中，配以小鱼，这样既可以观赏到白嫩嫩的根系，又可以看到游弋于根系间可爱的小鱼，的确赏心悦目。水培仙人球是水培花卉的艺术精品。

五、蟹爪兰 *Zygocactus truncactus*（见图 9—5）

〖别名〗蟹爪、蟹爪莲、螃蟹兰、仙人花。

〖科属〗仙人掌科蟹爪属。

〖产地及分布〗原产于南美巴西，现我国部分温暖地区也有分布。

〖识别要点〗

1. 株形株高：附生仙人掌类。株高 30 ~ 50 cm。多分枝，地栽常铺散下垂。

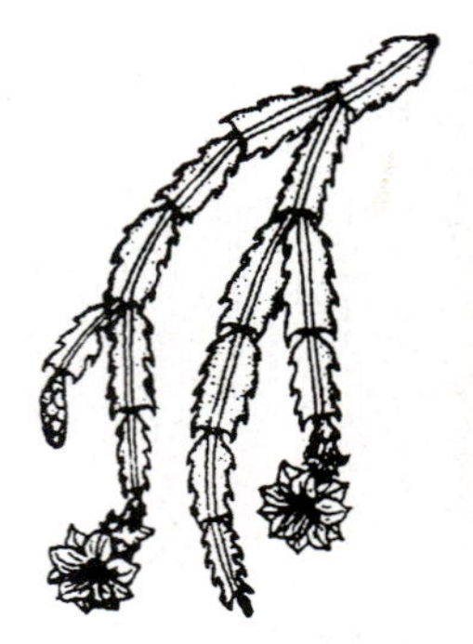

图 9—5 蟹爪兰

2. 茎：茎节扁平，倒卵形，先端截形，边缘具 2～4 对尖锯齿，连续生长的节似蟹钳状。茎节多分枝，绿色，天凉时茎节边缘有紫红色的晕。

3. 叶：茎节先端有刺座，刺座生有细毛。

4. 花序和花：花生茎节顶端，花冠漏斗形，淡紫红色，花瓣数轮，越向内侧，管部越长，上部反卷。

5. 果实：浆果，梨形，光滑，暗红色。

〖类型及品种〗目前已培育出几百个园艺品种，花有粉红、紫红、淡紫、深红、橙黄和白等色。

〖观赏期〗既可观茎，又可观花，花期 11 月至翌年 5 月。

〖园林用途〗株形优美，枝扁平多节，形态奇趣，拱曲悬垂，繁茂如绿伞，花大色艳，有丝质光泽，宜室内盆栽摆设，最适吊盆观赏。

六、仙人指 *Schlumbergera bridgesii*（见图 9—6）

〖别名〗仙人枝、圣烛节、仙人掌。

〖科属〗仙人掌科仙人指属。

〖产地及分布〗原产于南美热带雨林，现世界各国多有栽培。

〖识别要点〗

1. 株形株高：附生性，常绿小灌木。植株多分枝，株高 30～50 cm。

图 9—6　仙人指

2. 茎：形态与蟹爪兰相似。区别在于：扁平茎节淡绿色，茎节上常晕紫色，茎节较短，有明显的中脉，边缘浅波状，先端钝圆，顶部平截，侧面只有刺点而锯齿不明显。

3. 叶：刺座上有少量细绒毛。

4. 花序和花：花着生茎节顶部，花冠整齐，筒状，鲜红色，着花较少。

5. 果实：浆果，圆形，红色。

〖类型及品种〗园艺品种多，有白、紫红、红、粉、黄等花色品种。

〖观赏期〗既可观茎，又可观花，花期 1—2 月。

〖园林用途〗株形丰满，花繁而色艳，开花期长，通常盆栽观赏，可入室摆设或悬挂。

【小思考】

请大家在网上查一查蟹爪兰、仙人指、假昙花三者的区别。

七、山影拳 *Cereus* spp. f. *monst*（见图 9—7）

〖别名〗仙人山、山影、山影掌。

〖科属〗仙人掌科天轮柱属。

〖产地及分布〗原产于南美，主要分布在南美洲北部、阿根廷东部和西印度群岛。现其他各地也广泛栽培。

〖识别要点〗

1. 株形株高：常绿植物，株高可达 2～3 m。

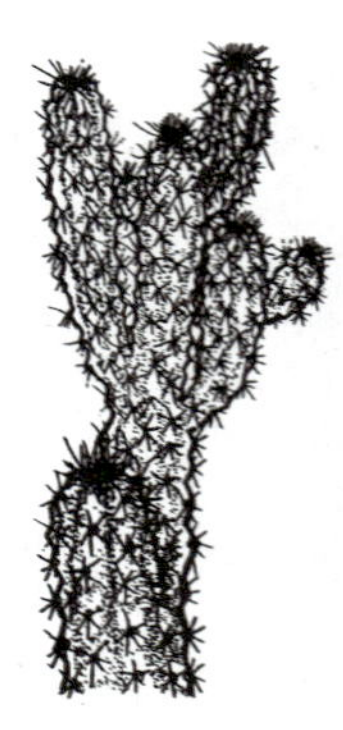

图 9—7 山影拳

2. 茎：茎暗绿色，肥厚，分枝多，直立或长短不一；茎有纵棱或钝棱角，被有短绒毛和刺，堆叠式地成簇生于柱状肉质茎上。植株的生长锥分生不规律，整个植株在外形上肋棱交错，生长参差不齐，呈岩石状。

3. 叶：无叶片。

4. 花序和花：花大，漏斗形或喇叭状，白色或粉红色，夜开昼合。夏、秋开花。

5. 果实：果实大，红色，可食用。

〖类型及品种〗变态茎的颜色由浅绿至深绿，不同原种的变异在刺座排列的疏密及毛的颜色、长短上均有差异。主要原种有：

1. 神代柱（C.*variabilis*）：株高可达 4 m；茎深蓝绿色，刺黄褐色。有 4~5 个石化品种。

2. 秘鲁天轮柱（C.*periuianus*）：株高可达 10 m；茎多分枝，暗绿色，刺褐色。有 3~4 个石化品种。

〖观赏期〗既可观茎，又可观花。一般植株 20 年以后才能开花。花期 6—11 月。

〖园林用途〗远看似苍翠欲滴、起伏重叠的山峦，近看仿佛沟壑纵横、玲珑有致的怪石奇峰，是植物而又像山石，郁郁葱葱。配以雅致的盆钵，布置于书房案头、客厅桌几等处，高雅脱俗。也可作专类园用。

【小知识】

山影拳在养护过程中应注意两点：一是盆土宜用沙质土、园土各半的混合土，切忌用

肥土。肥大容易引起植株徒长。二是控水。水大，植株易徒长，新枝细而长，皱折少，不美观。盆土以偏干为好。

八、令箭荷花 *Nopalxochia ackermannii*（见图 9—8）

〖别名〗孔雀仙人掌、红花孔雀。

〖科属〗仙人掌科令箭荷花属。

〖产地及分布〗原产于墨西哥中南部及玻利维亚。

图 9—8　令箭荷花

〖识别要点〗

1. 株形株高：附生仙人掌类。株高 50～100 cm。茎直立，多分枝，地栽呈群生灌木状。

2. 茎：全株鲜绿色，叶状茎扁平，较窄，令箭状，茎中脉明显凸起，基部细圆呈柄状，边缘钝齿形，齿凹处有刺座。嫩枝边缘为紫红色，基部疏生毛。

3. 叶：刺座内具 0.3～0.5 cm 长的细刺。

4. 花序和花：花单生叶状茎上部两侧，花筒细长，喇叭形大花，花色丰富，有紫红、大红、粉红、洋红、白、黄、蓝紫等色。花白天开放，一朵花仅开 1～2 d。

5. 果实：果实为椭圆形红色浆果，种子黑色。

〖类型及品种〗常见的其他栽培种有小花令箭荷花（N.*phyllanthoides*）：变态茎较窄，

花较小，着花繁密。

〖观赏期〗既可观花，又可观茎，花期4—7月。

〖园林用途〗多株丛植于盆中，鲜绿色的叶状枝挺拔秀丽；开花时姹紫嫣红，娇美动人，花大色艳，花期长，为色彩、姿态、香气俱佳的室内优良盆花。可用来点缀客厅、书房的窗前、阳台、门廊等。在温室中多采用品种搭配，以提高观赏效果。

【小知识】

令箭荷花因其茎扁平呈披针形，形似“令箭”，花似睡莲，故名“令箭荷花”。

第三节
常见温室多浆类盆栽花卉识别

一、虎刺梅 *Euphorbia milii*（见图9—9）

〖别名〗铁海棠、虎刺、麒麟花、老虎筋。

〖科属〗大戟科大戟属。

〖产地及分布〗原产于马达加斯加，现广泛分布于世界各地，我国各地温室有栽培。

图9—9 虎刺梅

〖识别要点〗

1. 株形株高：多刺直立或稍攀缘性小灌木，株高1～2 m，盆栽株高50～80 cm，多分枝。体内具白色乳汁。

2. 茎：茎直立具纵棱，棱沟浅，棱脊上密被锥形硬刺，排成 5 列。嫩枝粗，有韧性。

3. 叶：叶互生，仅密集着生新枝顶端，倒卵形或长圆状匙形，先端圆，具小尖头，基部渐狭，全缘，叶面光滑、鲜绿色；无柄或近无柄；托叶钻形，早落。

4. 花序和花：2 ~ 4 个聚伞花序生于枝顶，花小，绿色；总苞片鲜红色，扁肾形，长期不落，为观赏部位。

5. 果实：蒴果，三棱状卵形。

〖类型及品种〗常见苞片为黄色的变种。

〖观赏期〗观花花卉，花期 4—12 月，连续开花。

〖园林用途〗茎枝奇特，花艳叶茂，栽培容易，开花期长，是深受欢迎的盆栽花卉。由于幼茎柔韧，常可以人工绑扎造型后观赏，是宾馆、商场等公共场所摆设的精品。

二、生石花 *Lithopas* spp.（见图 9—10）

〖别名〗石头花、石头草、曲玉、曲生石花。

〖科属〗番杏科生石花属。

〖产地及分布〗原产于南非，现主要分布于热带地区，我国也有分布，但在冬季需温室栽培。

图 9—10　生石花

〖识别要点〗

1. 株形株高：多年生小型多肉植物，这类植物有高度发展的“拟态”，外形酷似卵石。

2. 茎：很短，常常看不见。

3. 叶：变态叶肉质肥厚，对生，叶片密接，中间有一条缝隙；叶呈顶部扁平的倒圆锥体形或筒状的球体，灰绿色或灰褐色，叶顶部色彩及花纹变化丰富。

4. 花序和花：花朵自叶顶部“缝隙”中抽出；花径 3～5 cm，有红、黄、白、紫红等色。花朵午后开放，傍晚闭合，可延续 4～6 d。

〖类型及品种〗园艺品种约有 10 种，各具特色。

〖观赏期〗既可观茎，又可观花，花期 9—10 月。

〖园林用途〗株形小巧，形如彩石，色彩丰富，娇小玲珑，享有“有生命的石头”的美称。由于其外形酷似卵石，因此在其盆土表面常摆放些与其形态相近的砾石，以增加观赏情趣。

【小知识】

生石花盆栽放置于电视、电脑旁，可吸收辐射；也可栽植于室内，以吸收甲醛等物质，净化空气。

三、长寿花 *Kalanchoe blossfeldiana*（见图 9—11）

〖别名〗矮生伽蓝菜、圣诞伽蓝菜、寿星花。

〖科属〗景天科长寿花属。

〖产地及分布〗原产于非洲马达加斯加岛，现各地均有栽培。

〖识别要点〗

1. 株形株高：多年生草本多浆植物，株高 10～30 cm。

2. 茎：茎直立，全株光滑无毛，基部分枝。

3. 叶：叶肉质，交互对生，卵圆形至倒卵形，叶片上部叶缘具波状钝齿，下部全缘，色泽亮绿，叶边略带红色。

4. 花序和花：圆锥聚伞花序，每花序着花几十朵。花小，高脚碟状，花瓣 4，有粉红、绯红、桃红、粉白或橙红等花色。

〖类型及品种〗常见品种有：

1. ‘卡罗琳’（‘Caroline’）：叶小，花粉红色。

2. ‘西莫内’（‘Simone’）：大花种，花纯白色，9 月开花。

3. ‘内撒利’（‘Nathalie’）：花橙红色。

4. ‘阿朱诺’（‘Arjuno’）：花深红色。

图 9—11　长寿花

5.‘米兰达’（‘Miranda’）：大叶种，花棕红色等。

〖观赏期〗既可观茎，又可观花，花期 11 月至翌年 4 月。

〖园林用途〗株形紧凑，小巧玲珑，叶片晶莹透亮，花朵稠密艳丽，观赏效果极佳；不开花时还可以赏叶，是非常理想的室内盆栽花卉。加之开花期正逢圣诞节、元旦、春节，布置于窗台、书桌、案头，十分相宜，可增添节日喜庆的气氛。

四、佛手掌 *Glottiphyllum linguiforme*（见图 9—12）

〖别名〗宝绿、牛舌叶、牛舌花、舌叶花、舌叶菊。

〖科属〗番杏科舌叶花属。

〖产地及分布〗原产于南非冬季温暖、夏季凉爽的干旱地区，现世界各国多有栽培。

〖识别要点〗

1. 株形株高：多年生常绿植物，全株肉质，外形似佛手，株高 10 cm。

2. 茎：茎斜卧，被叶覆盖。

3. 叶：叶舌状，肥厚肉质，常 3～4 对丛生，成两列包围茎；叶色鲜绿，叶面光洁透明，叶端略向外反转。

4. 花序和花：花自叶丛中央抽出，具短梗，黄色，形似菊花。

〖类型及品种〗常见品种有：

1. 长宝绿：叶稍长，绿色。

图 9—12　佛手掌

2. 矮宝绿：叶绿色，近地表面横生，花黄色，稍反卷。

〖观赏期〗既可观叶，又可观花，花期 4—6 月。

〖园林用途〗株形奇特，形如佛手，翠绿晶莹，是趣味盆栽的好材料。暖地可用于岩石园。

【小知识】

佛手掌是一种回味清甘的植物，有很好的醒酒消暑的作用，同时也可以解渴提神。

五、玉米石 *Sedum album*（见图 9—13）

〖别名〗白花景天、虹之玉 。

〖科属〗景天科景天属。

〖产地及分布〗原产于欧洲，主要分布于欧洲、西亚和北非，我国南方也有栽培。

〖识别要点〗

1. 株形株高：多年生肉质草本，植株低矮丛生。

2. 茎：茎蔓生，铺散或下垂，稍带红色。

3. 叶：叶片膨大为卵形或圆筒形，互生，长 1～2 cm，先端钝圆，亮绿色，光滑。温度低于 0℃时，呈现亮紫红色，尤为美观。

4. 花序和花：伞形花序下垂，花白色。花期 6—8 月。

〖类型及品种〗常见栽培同属种类有：

图 9—13　玉米石

1. 虹之玉（S.*rubrotinctum*）：多分枝，叶呈红色，叶的近尖处略呈透明状。花黄色，星形。如图 9—14 所示。

2. 姬星美（S.*dasyphyllum*）：茎丛生，花白色。如图 9—15 所示。

图 9—14　虹之玉

图 9—15　姬星美

3. 铭月（S.*adolphii*）：茎肉质，先直立后匍匐。叶披针形，先端有钝尖，长 3.5 cm，宽 1.5 cm，厚 0.6 cm。黄绿色，叶缘稍有点红。花白色。如图 9—16 所示。

4. 八千代（S.*pachyphyllum*）：矮性的肉质灌木，株高 25 cm。叶圆柱形，灰绿色被白粉，在生长季节或在强烈的阳光下，叶先端呈红色。叶长 4 cm，粗 0.6 cm，叶从五个方向螺旋形自下往上排列。花黄色。如图 9—17 所示。

〖观赏期〗观叶植物，周年观赏。

〖园林用途〗株丛小巧清秀，叶片晶莹犹如翡翠珍珠，可盆栽点缀于书桌、几案，极为雅致，是有趣的小型吊盆花卉。

图 9—16 铭月

图 9—17 八千代

【小思考】

玉米石、虹之玉、铭月、八千代这几种多肉植物如何区分呢？

六、翡翠珠 *Senecio rowleyanus*（见图 9—18）

〖别名〗绿串珠、绿葡萄、绿之铃、一串珠。

〖科属〗菊科千里光属。

〖产地及分布〗原产于南非，主要分布于西南非洲、纳米比亚，我国南方各地均有分布。

图 9—18 翡翠珠

〖识别要点〗

1. 株形株高：多年生常绿匍匐肉质草本，具地下根茎，全株被白色皮粉。

2. 茎：茎蔓生，铺散，细弱下垂。

3. 叶：叶互生，较疏，卵状球形至椭圆球形，深绿色，肥厚多汁，直径 0.6～1 cm，有微尖的刺状凸起，有一透明纵纹，极似珠子，整齐排列于茎蔓上，呈串珠状。

4. 花序和花：头状花序，顶生，长 3～4 cm，呈弯钩形，花白色至浅褐色。

〖类型及品种〗目前常见的品种有两种：一种是圆形珠子的，常被称为“佛珠”“珍珠吊兰”；另一种像水滴状，一般被称为“情人泪”。

〖观赏期〗既可观茎、叶，又可观花。花期不定，一般在 11 月至翌年 2 月。

〖园林用途〗晶莹剔透、玲珑雅致，惹人喜爱。可用小盆悬吊栽培，犹如一串串悬垂的宝石项链，又如一帘绿色的风铃随风摇曳，极富情趣，是家庭悬吊栽培的理想花卉。也可用小盆栽植，放于案头、几架。

【小知识】

翡翠珠因其茎蔓纤细，肉质叶光滑圆珠状，形似桃，大小如豌豆，色碧如翡翠，悬垂在花盆四周，似情人的眼泪，故有“情人泪”之名。

翡翠珠能够有效清除室内的二氧化硫、氯、乙醚、乙烯、一氧化碳、过氧化氮等有害物质，净化空气。

七、松鼠尾 *Sedum morganianum*（见图 9—19）

〖别名〗串珠草、翡翠景天、玉米景天。

图 9—19　松鼠尾

〖科属〗景天科景天属。

〖产地及分布〗原产于美洲、亚洲、非洲热带地区，我国南方也有分布。

〖识别要点〗

1. 株形株高：常绿低矮宿根多浆植物，株高 10～15 cm。

2. 茎：茎匍匐状或下垂，基部产生分枝。

3. 叶：叶互生，小而肉质多汁，长纺锤形，先端略尖，叶色浅绿，晶莹且具光泽。肉质化的叶片密集重叠生长，穗状向下弯曲似松鼠尾巴。先直立生长，随后下垂。易脱落。

4. 花序和花：花小，深玫红色。

〖类型及品种〗常见的栽培变种有：‘小玉珠帘’（*Sedum morganianum*‘Burrito’）：又名圆叶翡翠景天，是松鼠尾在栽培中产生的圆叶变种。分枝从基部抽出，匍匐或下垂，长 50～60 cm，粗 0.4～0.6 cm。叶串珠状排列，近圆形，长 1 cm，宽和厚都为 0.7 cm，浅绿色，先端钝圆。顶生伞房状花序，花 6～12 朵。如图 9—20 所示。

图 9—20　‘小玉珠帘’

〖观赏期〗既可观茎、叶，又可观花。茎、叶周年观赏，花期 4—6 月。

〖园林用途〗叶片晶莹有光泽，株形丰满，姿态优美，叶绿色期长，肥厚多汁，悬空下垂，观赏性好，作为小型盆栽独具特色，也可吊盆悬挂供室内装饰。

【小思考】

松鼠尾和玉米石要怎样区别呢？

八、龙舌兰 *Agave americana*（见图 9—21）

〖别名〗番麻、龙舌掌、世纪树。

〖科属〗龙舌兰科龙舌兰属。

〖产地及分布〗原产于美洲热带，我国华南及西南各省区常引种栽培。

〖识别要点〗

1. 株形株高：多年生常绿大型肉质草本。

图 9—21　龙舌兰

2. 茎：茎短，不明显。

3. 叶：叶呈莲座式排列，大型，肉质，倒披针状线形，灰绿色稍带白粉，叶缘具有疏刺，顶端有 1 硬尖刺，刺暗褐色。

4. 花序和花：大型圆锥花序顶生，多分枝，着生多数小花，淡黄绿色，花后常生不定芽。花期 5—6 月。一般多在 10 年生左右开花，为一次开花植物。

5. 果实：蒴果，长圆形。

〖类型及品种〗常见变种有：

1. 金边龙舌兰（var.*marginata*）：叶片两侧呈黄色宽条纹，叶面宽广。

2. 金心龙舌兰（var.*mediopicta*）：叶片中央呈淡黄色。

3. 银边龙舌兰（var.*marginata-alba*）：叶片两侧呈白色。

4. 绿边龙舌兰（var.*marginata-pallida*）：叶片两侧呈绿色。

〖观赏期〗观叶植物，周年观赏。

〖园林用途〗大型观叶盆花，可群植于花坛中心、草坪一角及庭院。

【小知识】

龙舌兰有治理空气污染的本领，在 10 m^2 左右的房间内可消灭 70% 的苯、50% 的甲醛和 24% 的三氯乙烯。

九、石莲花 *Echeveria glauca*（见图 9—22）

〖别名〗偏莲座、莲花掌、大叶莲花。

〖科属〗景天科石莲花属。

〖产地及分布〗原产于墨西哥，现世界各地有栽培。

图 9—22 石莲花

〖识别要点〗

1. 株形株高：多年生肉质草本，根茎粗壮。

2. 茎：茎短，分枝匍匐。

3. 叶：叶倒卵形或近圆形，先端尖，紧密排列成莲座状，厚肉质，灰绿色，无柄。

4. 花序和花：花梗从叶丛中抽出，总状聚伞花序顶生，花茎高 20～30 cm，有花 8～12 朵，花萼 5，粉绿色；花瓣 5，外面粉红或红色，里面黄色。

〖类型及品种〗石莲花为景天科石莲花属多肉植物的总称，有 160 多个原始种，栽培变种更加数不胜数。多数品种植株呈矮小的莲座状，也有少量品种植株有短的直立茎或分枝。叶片肉质化程度不一，形状有匙形、圆形、圆筒形、船形、披针形、倒披针形等多种，部分品种叶片被有白粉或白毛。叶色有绿、紫黑、红、褐、白等色，有些叶面上还有美丽的花纹，叶尖或叶缘呈红色。根据品种的不同，花序有总状花序、穗状花序和聚伞花序，花小型，瓶状或钟状。

除石莲花属外，景天科的莲花掌属、风车草属、仙女杯属、瓦松属、长生草属中也有不少品种的肉质叶是呈莲座状排列的，其形态与石莲花属植物很相似，但花形却有很大的差别。

〖观赏期〗观叶、观花花卉，花期 6—8 月。

〖园林用途〗叶片紧密排列为莲座形，美丽如盛开的绿色荷花。宜作盆栽、盆景，也可配植于花坛边缘或岩石边。

【小知识】

石莲花在民间泛指莲花座造型的多肉植物，因其莲座状叶盘酷似一朵盛开的莲花而得名，被誉为“永不凋谢的花朵”。

十、大花犀角 *Stapelia grandiflora*（见图 9—23）

〖别名〗海星花、臭肉花。

〖科属〗萝藦科豹皮花属。

〖产地及分布〗原产于南非，现世界各国多有栽培。

图 9—23　大花犀角

〖识别要点〗

1. 株形株高：多年生肉质草本，株高 20 ~ 30 cm。

2. 茎：茎粗，基部分枝，四角棱状，棱边有齿状凸起及短柔毛，灰绿色，直立向上，形如犀牛角。

3. 花序和花：花从嫩茎基部长出，五裂张开，呈五角星状，极像海星，淡黄色，具暗紫红色横纹，边缘密生细长毛；具臭味，以引诱苍蝇授粉，故又名“臭肉花”。

〖类型及品种〗萝藦科豹皮花属植物约 75 种，分布于非洲和亚洲热带地区及大洋洲，

欧洲和美洲有栽培，我国引入栽培 3 种，供观赏。除大花犀角外还有两种：

1. 豹皮花（S.*pulchella*）：别名犀角、徽纹掌。多年生肉质草本。多茎丛生，株高 10～20 cm；茎四棱柱形，顶部微曲，光滑无毛，棱脊上具粗短软刺，绿色，无叶。由于它的花色与金钱豹的毛皮极为相似，故有“豹皮花”之名。由于花形呈五角星状，与军人帽徽相像，又名“徽纹掌”。

2. 杂色豹皮花（S.*variegata* L.）：肉质簇生植物，株高 5～10 cm；茎斜升，四棱，钝，棱具尖细的刺，绿色或灰绿色，通常具有紫色斑点。无叶。

〖观赏期〗既可观茎，又可观花，花期 7—8 月。

〖园林用途〗肉质茎挺拔，形如犀牛角，花形奇特，宛如海星，是一种美丽的室内观赏花卉。可用于装饰书房、客厅的案头、茶几等。园林上可作展览用。

思考与练习

1. 什么是多肉多浆类花卉?
2. 简述多肉多浆类花卉的分类方法。
3. 多肉多浆类花卉的习性有哪些?
4. 多肉多浆类花卉的观赏特性是什么?
5. 简述蟹爪兰的识别特征。
6. 简述虎刺梅的识别特征。
7. 列举 10 种以上仙人掌类植物及多浆植物。

实训八　常见仙人掌类及多浆类盆栽花卉的识别

一、实训目的

依据仙人掌类及多浆类盆栽花卉的形态特征对它们进行识别。

二、实训材料

准备当地常见栽培的仙人掌类及多浆类盆栽花卉 15 种。

三、实训内容

1. 教师现场讲解仙人掌类及多浆类盆栽花卉的识别特征，并指导学生学习。

2. 学生观察仙人掌类及多浆类盆栽花卉的形态特征（主要是株形、茎、叶、花的特

征），并将观察结果填入下表中。

3. 分析判断。根据各类花卉的形态特征，识别仙人掌类及多浆类盆栽花卉的种类。

四、成绩评估

1. 优秀：全部分析判断正确。
2. 良好：13 个以上分析判断正确。
3. 中等：11 个以上分析判断正确。
4. 及格：8 个以上分析判断正确。

花卉名称	科名	株形的特征	茎的特征	叶的特征	花的特征

第十章

兰科花卉识别

第一节
兰科花卉基础知识

一、兰科花卉的概念及特点

1. 兰科花卉的概念

广义的兰花是指植物学上的兰科花卉，包括两大类，即国兰和洋兰。狭义的兰花则只指国兰。我国民间通常所说的兰花多指国兰，而且不包括大花蕙兰。

2. 兰科花卉的特点

兰科花卉深受各国人民的喜爱，在世界各地广泛栽培，其特点是：

（1）生活方式多样。有地生（如国兰）、附生（如石斛兰、象鼻兰、细叶石仙桃）和腐生（如天麻、红果山珊瑚、宽距兰）。

（2）兰花为宿根花卉。兰科花卉的根粗壮肥大、肉质、分枝少，偶有生出支根的，大多数无根毛，有根菌共生，这是兰科花卉区别于其他花卉的最大特点。

（3）兰花极具观赏价值。叶态优美，叶色常青，叶质柔中有刚；花形高大，花瓣多，花色华丽，花姿娇媚；花期长，香馥幽异。

（4）以营养繁殖为主。分株繁殖一般每隔 2～3 年进行 1 次。

（5）经济价值高。多数兰花作切花生产，这是兰花最重要的经济价值。另外，兰属中有少数种类可提取香精，还有一些可供药用。

二、兰科花卉的生长习性

在野外，兰科花卉生长在热带、亚热带林区的山岩间或山坡上。长期生长在这种生态环境下，兰科花卉形成了独特的生长习性。

1. 喜阴凉忌强光

在山林间，高大的树木挡住了强烈的光照，照射到兰科花卉上的只是一些较弱的光，如斜射光和漫射光，这就养成了兰科花卉喜阴凉怕强光的习性。但光线太弱也不利于兰科花卉的生长。

2. 喜温暖忌炎热

在热带、亚热带林间弱光环境下，白天温度多在 20～30℃，很少高于 32℃，因此兰科花卉喜温暖忌炎热。由于不同种类兰科花卉原产地的不同，其耐寒性也不同。春兰、蕙兰生长在亚热带中北部或高山上，因此耐寒性较强。值得注意的是，在冬季，温度在 3～6℃的情况下，春兰和蕙兰需经 3～5 周的低温（植物学上称为春化作用）才能开花。

3. 喜湿气忌干燥

兰科花卉生长的林间，空气湿度较高，常在 70%～85%。因此，兰科花卉喜欢周围环境空气湿度稍高些（夏季湿度最好在 70% 以上）。过于干燥的环境不利于兰科花卉的生长。

4. 耐干旱忌水渍

山岩间或山坡上，一场大雨过后，水分很快流失。长期处在这种生态环境下，使得兰科花卉形成了肉质根，以储藏水分。由于兰根长期生长在排水良好的泥土中，因此兰科花卉不耐水渍，水分过多时容易烂根。

5. 喜微风忌闷闭

山谷间常有微风吹拂，因此兰科花卉习惯生长在通风的环境中。如果在阳台建设密闭的温室，则要安装排气扇。在南方，夏、秋季过大的风会加速叶片水分的蒸发，对兰科花卉的生长也是不利的。

三、兰科花卉的形态特征

1. 根

大多数兰科花卉的根是圆柱状的，分叉或不分叉，肉质根粗大而肥壮。根的数量和长度与栽培管理水平及条件等有关，一般 4～7 条，弱的只有 2～3 条。兰根长度一般一年生长 22 cm 左右，水平伸展，但盆栽时沿盆壁环绕，植料过浅或根系过旺时兰根也会裸露在植料上面。

绝大多数地生种类的兰科花卉根上有大量的根毛。附生兰有气生根，其皮层的受光部分可以变成绿色，进行光合作用，还能防止水分散失，并且能吸收水分。

在兰科花卉的根组织内和根际周围有真菌，可分解和吸收水分和养分供给兰科花卉生

长。附生兰只有依靠这些根菌固定空气中的氮素后，再经过消化吸收获得氮素营养。因此，兰科花卉不施肥也能正常生长，但生长速度慢。

2. 茎

兰科花卉的茎形态差异较大，可分为直立茎、根状茎和假鳞茎。

（1）直立茎：如万代兰的茎秆直立或稍倾斜向上生长。

（2）根状茎：兰科花卉真正最原始的茎。根状茎上有节，节上有根，并能长出新芽。可分株繁殖，如卡特兰。

（3）假鳞茎：一种变态茎，是在生长季节开始时从根状茎上生出的新芽，到生长季节结束时生长成熟。假鳞茎顶端或各节上生有叶片，并且是花芽着生的地方。假鳞茎的形态变化很大，有的呈卵圆形至棒状，如虎头兰；有的呈细长条形，如石斛。在兰花栽培中常用假鳞茎繁殖优良品种。即使老的假鳞茎也能长出新芽，因此不要轻易抛弃，尤其对于名贵品种。

3. 叶

兰科花卉的叶因种类不同而有较大差异。有的叶片呈棒状，如棒叶万代兰；有的叶片肥厚呈硬革质，如卡特兰；有的叶片呈细长的线形，如中国兰中的春兰；有的叶片大而薄软，如鹤顶兰。

4. 花

所有兰科花卉的花均由 7 个主要部分组成，即萼片 3 枚、花瓣 3 枚及蕊柱 1 枚。

（1）萼片：已瓣化，形似花瓣。

（2）花瓣：有一片花瓣称为唇瓣，在多数情况下唇瓣是花中最华丽的花瓣，也是高度特化的花瓣。唇瓣有筒状的，如卡特兰；有各种形态的口袋状的，如兜兰。本来唇瓣是兰科花卉花朵最上面的花瓣，但由于花梗、子房极复杂的旋转，使花扭转了 180°，因而唇瓣成了兰花花朵最下面的一片花瓣。

（3）蕊柱：繁殖部分，是区别兰科与其他科植物的主要特点。蕊柱上有雌、雄两部分性器官。雌性部分是柱头区，指蕊柱上部的一个黏性部位。雄性部分是指在蕊柱顶端或靠近顶端有一个雄蕊，生有花粉块。整个花左右对称。

5. 果实

兰科花卉的果实俗称“兰荪”，属于蒴果，子房下位，长椭圆形，依种类不同而略有差异。春兰的果实较大，蕙兰次之，建兰再次之。一般有 3 棱或 6 棱，有的种类棱不明显。果实成熟时，自果脊两侧纵向开裂，种子自裂口散出。如图 10—1、图 10—2、图 10—3 所示。

图 10—1　兰科花卉植株形态

图 10—2　花的构造图

图 10—3　果实形态

四、兰科花卉分类

广义上讲，兰花是整个兰科花卉（Orchidaceae）的总称。兰科花卉在分类学上属于被子植物门，单子叶植物纲，地球上高等植物界的一大家族。全世界大约有兰科花卉 700 个属，2 万余种，广泛分布于全球各地，但主要产于热带、亚热带地区。另外，兰科花卉在英国《国际散氏兰花种杂种登记目录》中正式登记的人工杂交种 4 万种以上，而且每年以 1 000 种以上的数目增加。产于我国的兰科花卉有 174 个属，1 200 种之多（不包括变种和具体栽培种），分布于南北各地，以云南、台湾、海南为最盛。兰科花卉多为草本，极少数为攀缘藤本。常见的国兰和洋兰只是兰科花卉中一小部分有观赏价值的栽培种类，还有大量的野生种分布于世界各地。兰科花卉常见的分类方法有：

1. 按原产地分类

（1）国兰。中国兰花简称国兰，通常是指兰属（Cymbidium）植物中的一部分地生种，包括原产于我国的所有兰科花卉和由我国人工选育出的兰科花卉栽培品种，即包含我国的地生兰、附生兰、半附生兰和腐生兰在内的每一种兰科兰属植物。常见的国兰有春兰、莲瓣兰、蕙兰、春剑兰、建兰、寒兰、墨兰、套叶兰、果香兰、邱比冬蕙兰等 10 余种。

国兰的特点是假鳞茎较小，叶线形，根肉质；花莛直立，有花 1～10 余朵，花小而芳香，通常淡绿色有紫红色斑点。种类不同，叶和花的形态及花期变化较大。产于秦岭以南及西南地区，栽培历史悠久，最少在千年以上，为我国十大传统名花之一。

（2）洋兰。洋兰是相对于国兰而言的，泛指除了国兰外的兰科花卉，即原产于外国，或由外国选育出的花大色艳之附生（气生）兰花。常见的有卡特兰、虎头兰、蝴蝶兰、兜兰、文心兰、万代兰、石斛等。其讲究的是花形和花色，一般原产于热带。

但洋兰并非均产自国外，我国的华南、西南热带和亚热带地区也是许多“洋兰”的原产地，如虎头兰、石斛兰属、万代兰属、蝴蝶兰属和兜兰属等种类。因此，原产于我国或

由我国人工选育出的花大色艳之气生根附生兰应是国兰中的一族，称为“中国附生兰”，也可称其为“中国气生兰”或“中国热带兰”。

2. 按生态习性分类

（1）地生兰。由于地生兰大部分品种原产于我国，因此地生兰又称中国兰，并被列为我国十大名花之首。中国兰主要有春兰、蕙兰、建兰、寒兰和墨兰五大类，有上千个品种。

（2）附生兰。又称热带气生兰，多数种类原产于热带或亚热带地区。它们具有肥厚、粗壮且带根被的气生根或假鳞茎的储水器官，附生长在树干或岩石和悬崖上，根系大部分裸露在空气中。其所需要的水分和养料取自雨水和雨水中含有的无机盐，露水和雾也是其水分来源，任何细小的残物（如落叶、脱落的树皮和死亡的昆虫等）掉落到根系周围腐烂后都可以作为其养料来源。高温多湿、昼夜温差小的地区是它们良好的生长环境。

附生兰常见在高处生长，这样可避开森林底层浓密阴影和生存竞争障碍，也可使传播花粉的小鸟、昆虫更容易发现它们，并将无数微小种子居高临下地撒播到较远的地方繁衍。常见的栽培种有卡特兰、万带兰、蝴蝶兰、石斛、紫兰、虎头兰等。

（3）半附生兰。半附生兰是指根既可依附岩壁、树干上，也可嵌入土中生长的兰科花卉。常见的种类有冬凤兰、独占春、兔耳兰、美花兰、兜兰属、鹤顶兰属和独蒜兰属7种。

（4）腐生兰。原产于我国的寒带、温带和亚热带的海拔在800～3 500 m的高山地区林下阴湿处。它们的茎和花生长在地面上，但无绿色的叶，茎上的鞘或鳞片也没有绿色，因此不能进行光合作用制造养料，通常只能生长在腐烂的植物体上，如地下的朽木、腐叶、烂根和某种真菌体上，成为与真菌共生或靠吞食真菌而生长的非绿色植物。现有兰科花卉资料论述，腐生兰的种类仅有裂唇虎舌兰。

3. 按花期分类

兰属不同种花期不同，同一个种分布在不同的地理纬度和海拔高度，花期也略有不同，但每一个种都有大致固定的花期。据此可将兰属分为以下几类：

（1）冬、春季开花类：花期从12月到翌年3月。主要种类有春兰、线叶春兰、莲瓣兰、蕙兰、春剑、墨兰、送春、通海剑兰、文山红柱兰、碧玉兰等。

（2）夏季开花类：花期4—8月。主要种类有虎头兰、独占春、蜜蜂兰、多花兰、夏寒兰、兔耳兰、硬叶兰、纹瓣兰等。

（3）秋季开花类：花期9—11月。主要种类有建兰、珍珠矮、大雪兰、套叶兰、墨兰（秋墨）、寒兰、莎草兰、西藏虎头兰、无齿兔耳兰、黄蝉兰、冬凤兰等。

从以上所列兰属的花期可以看出，大多数引种栽培并有香气的兰花的花期集中在冬、

春季，其次是秋季，而夏季开花的种类大都为没有香气的附生兰。所以，多数产兰区都在冬季、春季（1—3月）举办兰展，有时也在秋季举办秋季兰展。

五、兰科花卉品种识别技巧

品种鉴别是对兰科花卉综合素质的鉴定，是最能展示艺兰功力的一门学问。因此，历代艺兰家都对此格外慎重，从不妄下结论，始终奉行“三看”原则。

1. 看叶形

“观花一时，赏叶终年”。在无花季节，人们对名品兰花鉴别的主要依据是看叶形，包括叶芽、株形等。兰芽出土时的色泽对兰花品种的鉴赏有一定的参考作用，芽期需仔细观察。一般而言，凡新芽为白色、白绿色、绿色的，春兰一般为素心品种，蕙兰大都为素心品种或绿蕙品种；芽尖有白色米粒状“白峰”的，有可能出细花。兰花传统名品大都相对稳定，其叶形也有一定的规律性。对叶形特征明显的品种，经验丰富的艺兰家一般凭眼看就能鉴别出是何品种，如直立叶的汪字、泰素、老极品，环垂叶的宋梅、大一品，肥环叶的大富贵，扭曲叶的绿云等。但兰花由于种养环境不同，并非年年岁岁叶相同，因此艺兰家们在观叶的同时往往还要结合看花苞来鉴定品种。

2. 看花苞

兰花传统名品不但叶形有其特性，花苞也富有特色。关于花苞的鉴定，前人总结出了兰蕙头形的“九形八式”和蕙花小排铃的“五门八式”。这些宝贵的经验，对于鉴别兰花品种大有裨益。在艺兰实践中发现，即使同一盆兰花，有时其花苞的颜色在不同年份，甚至同一年份也不相同。可见，单纯从花苞的色泽、形状来鉴别品种有其局限性，还必须看其开品。

3. 看开品

对兰蕙品种的鉴别最直接、最有效的方法就是看其开品，这也是引种品种要见花引种的主要原因。一般而言，只要开品到位，见花就能鉴别出是何品种。但任何事物都有其特殊性，同一品种的兰蕙往往因种法不同，开出的花品有时也各不相同，如宋梅能开出四五种花形，绿云、西神也能开出几种不同的花形，但不能因其开品有异就断定它们是不同的品种。一代艺兰大师吴恩元所说“因种法有好歹，致开品有高下耳”，说的就是这个道理。对兰花品种的鉴别应辩证地看、综合地看，不能妄下结论。

六、兰花文化

兰花是我国最古老的花卉之一，早在帝尧之世就有种植兰花的传说。古人认为兰花“香”“花”“叶”三美俱全，又有“气清”“色清”“神清”“韵清”四清，是“理想之美，

万化之神奇”。

兰花以高洁、清雅、幽香而著称，其叶姿优美，花香幽远。

兰花对社会生活和文化艺术产生了巨大的影响。父母以兰命名以表心，画家取兰作画以寓意，诗人咏兰赋诗以言志。兰花的形象和气质早已深入人心，并起着潜移默化的作用。古代舞剧以“兰步”“兰指”为优美动作，优秀的文学作品和书法作品常称“兰章”，真挚的友谊叫作“兰交”，女子的芳洁、美慧喻为“兰心蕙质”，杰出人物的去世比作“兰摧玉拆”。可见，兰花在我国人民心目中，已经成为一切美好事物的寄寓和象征。

第二节 常见兰科花卉识别

一、蝴蝶兰 *Phalaenopsis amabilis*（见图 10—4）

〖别名〗蝶兰。

〖科属〗兰科蝴蝶兰属。

〖产地及分布〗原产于亚洲，在我国台湾和泰国、菲律宾、马来西亚、印度尼西亚、澳大利亚等地都有分布，其中以我国台湾出产最多。附生于雨林树上。

图 10—4 蝴蝶兰

〖识别要点〗

1. 株形株高：常绿宿根植物，属附生兰类。具肉质根和气生根。

2. 茎：茎肥厚而短，常被叶鞘所包。顶部为生长点，每年生长期从顶部长出新叶片。

3. 叶：叶大丛生，宽而厚，叶片稍肉质，3～4 枚或更多，正面绿色，背面紫色，椭圆、长圆或镰刀状长圆形，先端锐尖或钝，基部楔形或有时歪斜，具短而宽的鞘。通常叶色与花色相关，开白花的种类叶片为深绿色，开紫花的种类叶片为绿色带红褐斑，有的种类叶片上带有银灰色的横条斑。

4. 花序和花：总状花序，侧生于茎的基部，长达 50 cm，有花 5～10 朵或以上。花莛长，拱形。单花可开一个月。花形众多，色彩艳丽丰富，有紫色、红色、黄色、白色以及复色等。大部分的蝴蝶兰唇瓣会分裂成两条触角般的短须，使其更神似蝴蝶。

5. 果实：蒴果，长椭圆形，黑色。果熟期 8—9 月。

〖类型及品种〗蝴蝶兰种类繁多，常见品种有：

1. 菲律宾蝴蝶兰：花茎下垂，花棕褐色，花序与叶等长。

2. 阿福德蝴蝶兰：有明显主脉，表面绿色，背面带紫色，花白色。

3. 斑叶蝴蝶兰：叶大，花多，淡紫色，边缘白色。

〖观赏期〗观花植物，花期 3—4 月。通过促成栽培可提前到 1 月。

〖园林用途〗花大色艳，花形如蝶，花期长。花形丰满、优美，生长势强，盆栽特别适合家庭、办公室和宾馆摆放，栩栩如生，艳丽动人。也可作名贵花篮、花束和捧花的主要花材。

【小知识】

蝴蝶兰是热带兰中的珍品，有“洋兰皇后”的美称。

二、大花蕙兰 *Cymbidium hyridus*（见图 10—5）

〖别名〗虎头兰、喜姆比兰、蝉兰。

〖科属〗兰科兰属。

〖产地及分布〗原产于我国。主要分布在我国西南部和印度、缅甸、尼泊尔、泰国及越南等国的北部低纬度高海拔地区，少数分布在海南和广东。

〖识别要点〗

1. 株形株高：常绿多年生附生草本。

2. 茎：假鳞茎粗壮，大小因品种不同而异，大的茎如成人的拳头，形状有球形、长椭圆形或卵形。

图 10—5 大花蕙兰

3. 叶：叶丛生，6～8 枚，带形，长 70～110 cm，宽 2～3 cm，有明显叶脉。叶革质，有光泽，叶色浅绿至深绿。

4. 花序和花：花莛自基部抽出，粗壮而大，近直立或稍弯曲，总状花序，莛长 60～90 cm，有花 6～12 朵或更多。花朵硕大，直径 6～10 cm，雄蕊 5 枚，均瓣化为色彩丰富艳丽的花瓣，是最具观赏价值的部分。花形规整，花色鲜艳，有白、黄、绿、紫红或带有紫褐色斑纹等花色。

5. 果实：蒴果，长条形或卵形。

〖类型及品种〗红色系列：'红霞'、'亚历山大'；粉色系列：'贵妃'、'梦幻'、'修女'；绿色系列：'碧玉'、'幻影'、'往日回忆'、'玉禅'；黄色系列：'夕阳'、'明月'、'幽浮 UFO'；白色系列：'冰川'、'黎明'等。

〖观赏期〗观花植物，花期 1—4 月。

〖园林用途〗叶长碧绿，花大色艳，花姿粗犷，豪放壮丽，是世界著名的"兰花新星"。花多且花期较长、耐摆，主要用于切花生产和盆栽观赏。盆栽适用于室内花架、阳台、窗台摆放，更显典雅豪华，有较高的品位和韵味。如 10～20 株大型盆栽，则适合宾馆、商厦、车站和空港厅堂布置，气派非凡，引人注目。

【小知识】

大花蕙兰因品种不同，性状不同，分级标准也不同，但总体上都遵循以下分级标准。

A 级：株高 80～120 cm，4～5 支花箭，每支箭 15～20 朵花。

B 级：株高 60～80 cm，3～4 支花箭，每支箭 10～14 朵花。

C 级：株高 40～50 cm，1～2 支花箭，每支箭 6～9 朵花。

大花蕙兰也可依据花径的大小分成大花系列（花径 8～10 cm）、中花系列（花径 6～8 cm）和小花系列（花径 4～5 cm）。

三、文心兰 *Oncidium* spp.（见图 10—6）

〖别名〗跳舞兰、金蝶兰、瘤瓣兰、舞女兰。

〖科属〗兰科文心兰属。

〖产地及分布〗原产于美洲热带地区，种类分布最多的有巴西、美国、哥伦比亚、厄瓜多尔及秘鲁等国家。

图 10—6　文心兰

〖识别要点〗

1. 株形株高：多年生草本。

2. 茎：假鳞茎较肥大，扁卵圆形、纺锤形、圆形，且紧密丛生，根状茎粗壮。新芽和花莛均由假鳞茎的基部抽出。每一个假鳞茎通常抽生花莛 1～2 枝，短花莛品种开花 1～2 朵；长花莛品种花莛长 1 m 以上，开花百朵左右。有些种类没有假鳞茎。

3. 叶：叶 1～3 枚，除常见的长带形外，还有肉质的棒状叶、扁肉质的鸢尾形叶和状

似洋葱的管状叶。可分为薄叶种（或称软叶型）、厚叶种（或称硬叶型）和剑叶种。

4. 花序和花：花莛多为斜出，圆锥花序，有时分枝；花大小变化较大，小花种有花50～100朵，排列紧密；大花种只有几朵花，着生于直立的花莛上。花色多样，以黄色和棕色为主，还有绿、白、红和洋红等色。花的构造极为特殊，花萼萼片大小相等，花瓣与背萼也几乎相等或稍大；花的唇瓣通常3裂，或大或小，呈提琴状，在中裂片基部有一脊状凸起物，脊上有凸起的小斑点，颇为奇特。

5. 果实：蒴果，长条形或卵形，成熟时自动开裂。

〖类型及品种〗常见栽培种有：

1. 皱状文心兰：花大，皱瓣。

2. 金蝶兰：花瓣深红色，唇瓣黄色。

3. 同色文心兰：花大，花瓣柠檬黄色。

4. 大花文心兰：花大，花瓣黄色。

5. 华彩文心兰：花黄色，唇瓣金黄色。

〖观赏期〗观花植物，一般花期4—11月。如果温度适合，一年四季均可开花。

〖园林用途〗花莛轻盈下垂，花朵奇异可爱，远看似群蝶飞舞，近看如翩翩起舞的少女，惊艳奇特，是世界重要的盆栽花卉和切花种类之一。适合于盆栽或家庭居室、办公室瓶插，也可作加工花束、小花篮的高档花材。

四、卡特兰 *Cattleya hybrida*（见图10—7）

〖别名〗阿木兰、嘉德利亚兰、加多利亚兰、卡特利亚兰。

〖科属〗兰科卡特兰属。

〖产地及分布〗原产于热带美洲，均为附生兰，常附生于林中树上或林下岩石上。

〖识别要点〗

1. 株形株高：多年生草本，附生兰类，株高25 cm以上。

2. 茎：有假鳞茎，形状有长纺锤形、棍棒状或圆柱状，直立，因种类不同有较大的变化。

3. 叶：假鳞茎顶端着生1～2枚叶片，宽带形，翠绿色，厚，革质，表面光滑。

4. 花序和花：花莛生于鳞茎顶端，长40 cm左右，着花3～5朵或更多，总状花序。花径10～15 cm，花色艳丽，除黑色、蓝色外，几乎各色俱全；富有光泽，有些还具有特殊的芳香。花萼与花瓣相似，萼片3枚，竖直延伸；花瓣开张，唇瓣较大，3裂，呈圆筒状喇叭形，基部包围雄蕊下方，中裂片伸展而显著。左右对称，唇瓣上有黄斑。

5. 果实：蒴果，长椭圆形，长约2 cm，具三棱。

图 10—7　卡特兰

〖类型及品种〗栽培种有单叶种和双叶种之分。栽培品种色彩丰富，有白色、黄色、橙红色、深红色、紫红色和复色。常见的品种有黄色的‘香山’、‘落日’，绿色的‘榆林’，白色的‘优美’，粉红色的‘真美’，红色的‘火球’，紫红的‘长河’，双色的‘圣诞糖果’等，以及大量杂交优良品种。

〖观赏期〗观花植物，单叶类冬、春季开花，双叶类夏末至初秋开花。

〖园林用途〗最受人们喜爱的附生性兰花，花形、花色千姿百态，花容奇特而美丽，富丽堂皇，有“兰花皇后”的美誉。可作盆栽花卉或悬吊观赏，也可作高档切花材料，花期长，单朵花可开放 1 个月左右，切花水养可保持 10 ~ 14 d。

【小知识】

卡特兰与石斛、蝴蝶兰、万带兰并列为观赏价值最高的四大观赏兰类。

五、兜兰 *Paphiopedilum* spp.（见图 10—8）

〖别名〗拖鞋兰、囊兰。

〖科属〗兰科兜兰属。

〖产地及分布〗原产于热带及亚热带地区的树林下，多数为地生种，少数为附生种，现在的杂交品种较多。主要分布在亚洲南部的印度、缅甸、印度尼西亚至几内亚等国的热带地区，以及我国的西南和华南地区、喜马拉雅山脉。

图 10—8　兜兰

〖识别要点〗

1. 株形株高：多年生常绿草本，地生兰，少数附生于岩石上。

2. 茎：茎极短，没有明显的假鳞茎，叶在根茎上长出。

3. 叶：叶基生，多枚，革质，较长，中脉明显。带形、长圆状或披针形，有绿叶种和花叶种。花叶种为兜兰的特有品种，叶面上有大理石样花纹或淡色斑点。

4. 花序和花：花莛从叶丛中抽出，高于叶；花大部分单生或 2～3 朵生于花莛。花形极为奇特，花瓣有特殊变化，唇瓣囊状，花瓣较厚。萼片特别大，背萼极发达，呈扁圆形或倒心形，有各种艳丽的花纹，两片侧萼合生在一起。蕊柱的形状与一般兰花不同，两枚花药分别着生在蕊柱的两侧。花有白、浅绿、黄、粉红、紫红、红褐等色，并带有不同粗细的墨褐色条纹和斑点。

5. 果实：蒴果，矩圆形，种子扁平。

〖类型及品种〗同属植物全世界约有 66 种，我国已知有 18 种。主要品种有卷萼兜兰、杏黄兜兰、同色兜兰、紫点兜兰、硬叶兜兰、美丽兜兰、带叶兜兰、飘带兜兰、麻栗坡兜兰、雪白兜兰和杂交种杰克图肯兜兰等。

〖观赏期〗观花植物，花寿命长，有的种类在高温环境中可开放 1～2 个月，并且一年四季都有开花的种类。

〖园林用途〗株形娟秀，花形奇特，色彩鲜艳，花色丰富，很适合于盆栽观赏，是极好的室内高档盆栽观花植物。

六、石斛 *Dendrobium nobile*（见图 10—9）

〖别名〗石兰、吊兰花、金钗石斛。

〖科属〗兰科石斛兰属。

〖产地及分布〗主要分布于亚洲热带和亚热带地区、澳大利亚和太平洋岛屿，全世界约有 1 000 种。我国约有 76 种，其中大部分分布于西南、华南、台湾等热带、亚热带地区和秦岭以南各地。生长在海拔 100 ~ 3 000 m 的环境中，常附生于树上或岩石上。

图 10—9　石斛

〖识别要点〗

1. 株形株高：多年生附生性草本。

2. 茎：假鳞茎丛生，直立，圆柱形，多节似甘蔗，有光泽，节略粗，基部收窄，内储充足水分，上部稍扁而稍弯曲上升，具槽纹。

3. 叶：叶近革质，长圆形或长椭圆形，互生或对生，有光泽，暗绿色。先端 2 圆裂；花期有叶或无叶。生长满 1 年的落叶类石斛，初冬开始落叶变秃，只存假鳞茎；而常绿类石斛无明显的休眠期，叶片可维持数年不脱落。

4. 花序和花：总状花序，有花 1 ~ 4 朵；花大，半垂，唇瓣倒卵状矩圆形，先端圆形，唇瓣上面具 1 紫斑；花有白、黄、浅玫红或粉红等色；许多种类芳香。

5. 果实：蒴果，成熟时自动开裂。

〖类型及品种〗主要有金钗石斛、密花石斛、鼓槌石斛、蝴蝶石斛和大量杂交优良种。

〖观赏期〗观花植物，花期3—6月。温室栽培可提前到1月。

〖园林用途〗花姿优美，色彩鲜艳，有的具香味，是观赏价值较高的花卉。盆栽摆放阳台、窗台或吊盆悬挂客厅、书房，别具一格；也宜作切花材料，花朵可制作胸花。

【小知识】

在国外，每年6月第三个星期日或父亲的生日时，人们将石斛兰送给父亲表达对父亲的敬意，故石斛又被称为“父亲节之花”。

七、春兰 *Cymbidium goeringii*（见图10—10）

〖别名〗草兰、山兰、朵朵香、朴地兰。

〖科属〗兰科兰属。

〖产地及分布〗原产于我国，以江苏、浙江、福建、广东、四川、云南、安徽、江西、甘肃、台湾等地为多。

图10—10 春兰

〖识别要点〗

1. 株形株高：多年生草本。植株比较矮小。根细长，呈长圆柱形。

2. 茎：假鳞茎很小，稍呈球形，几乎完全包存于叶基之内。

3. 叶：叶4～6枚集生，线状披针形或带形，边缘有细锯齿。宽1～1.5 cm，中段较宽，长20～40 cm，有的可达60～100 cm。

4. 花序和花：花莛由假鳞茎基部、叶鞘内侧生出，直立而短，常在叶面之下，呈圆柱形，多为浅紫、紫红、淡绿、黄白或绿白色。花单生，少数双花；苞片很长，常超出子房（花柄部分）；萼片呈狭矩圆形，萼端急尖或钝尖；花径 4～5 cm，以黄绿色或白绿色为主，花冠有多数披挂、点缀，有异色点、条、块斑，仅有个别种类为无异色斑彩的素心种。清香。

5. 果实：蒴果。

〖类型及品种〗园艺栽培上常根据花瓣和叶片的形状和颜色，将其分为梅瓣、荷瓣、水仙瓣、奇种（蝶瓣）、素心、色花和艺兰（花叶）等品种类型。主要梅瓣品种有：宋梅、西神梅、万字、逸品、集圆、天章梅、蔡梅、翠文、翠云、吉字等。主要荷瓣品种有：郑孝荷、绿云、翠盖荷、环球荷鼎、高荷、张荷素、松厦素、月佩素、文团素、文艳素等。主要水仙瓣品种有：汪字、素月仙、西子、龙字、春一品、翠一品、蔡仙素、宜春仙、太极、奇峰等。

〖观赏期〗观花植物，花期 2—3 月。

〖园林用途〗我国兰科花卉中分布最广、品种最丰富的一类兰花。花香馥郁，叶姿飘逸秀柔，多进行盆栽点缀室内，高雅、清馨。如摆放高档茶室和宾馆接待室，可提高品位档次。

【小知识】

广义的春兰还包括豆瓣兰、莲瓣兰和春剑。它们的主产地多在大西南各省区，植株花朵各有特色。

八、建兰 *Cymbidium ensifolium*（见图 10—11）

〖别名〗四季兰、剑蕙、剑叶兰、雄心、秋蕙、秋兰、夏蕙、夏兰。

〖科属〗兰科兰属。

〖产地及分布〗原产于我国，主要分布在东南、华南及西南较温暖地区，广东、福建、台湾、广西、四川、云南及浙江、江西南部和贵州南部也有分布。

〖识别要点〗

1. 株形株高：多年生草本，常绿。地生兰，植株中矮，根粗且长，常有分叉。

2. 茎：假鳞茎，椭圆形，较小。

3. 叶：叶 2～6 枚丛生，长 30～60 cm，宽 1.2～1.7 cm，呈带形，中段较宽阔，先端顺尖或钝尖；叶片有薄革质，较硬挺，叶面平展，少中折，中脉多向背面凸出，颜色黄亮；叶缘细齿锐利；叶色青绿或浓绿，叶面富有光泽，叶背相对较粗糙而无光泽。叶态多样，以直立、斜立为主。

4. 花序和花：花莛直立，叶间抽出，总状花序，每莛着花 5～11 朵，花浅黄绿色至淡黄褐色，萼片形似竹叶；唇瓣卵状矩圆形，全缘，绿黄色，有红斑或褐斑。香浓。

图 10—11　建兰

5. 果实：蒴果。

〖类型及品种〗分为以下系列：骏河系、玉真系、雄兰系、雌兰系、玉枕系、素心系等。有彩心建兰（var.*ensifolium*）和素心建兰（var.*suxin*）两个变种。常见的栽培品种有龙岩素、永福素、铁骨素、凤尾素、观音素等。

〖观赏期〗观花植物，花期 7—10 月。

〖园林用途〗植株雄健，根粗且长，适宜用五筒以上或较大的高腰签筒盆栽，每盆苗数稍多，置于林间、庭院或厅堂，花繁叶茂，是阳台、客厅、花架和小庭院台阶陈设佳品。长时苍绿峭拔，很有神采。花开盛夏，凉风吹送兰香，使人倍感清幽。

【小知识】

兰花开花的基本要求是“三株连体，五叶必花”，一般不宜单苗种植。单苗兰花虽然可分蘖新苗，但不利于生长。单苗种植的兰花是不开花的。

九、寒兰 *Cymbidium kanran*（见图 10—12）

〖科属〗兰科兰属。

〖产地及分布〗寒兰略比建兰稍南一些分布，我国湖南、江西、福建、台湾、广东、云南、广西、贵州和四川等地均有分布。

〖识别要点〗

1. 株形株高：多年生草本，株体较高，根粗而有分叉。

图 10—12　寒兰

2. 茎：假鳞茎不明显。

3. 叶：叶片 3 ~ 7 枚丛生，直立性强，多为狭带形，叶基部特别狭小，多数叶端披拂下垂；薄革质，深绿色，叶面较平展光亮，叶脉明显并向背凸出，叶背粗糙，全缘或先端有细齿，先端渐尖。叶柄环明显，叶脚高，叶鞘长而薄，成苗后张离。芽色灰白，新苗叶中脉白亮且占叶宽的 1/3，其双侧的绿色部分有明显的龙骨状的隐性绿色斑纹。

4. 花序和花：花莛从假鳞茎基部叶鞘内侧生出，直立，细而坚挺，常高出叶面；总状花序，花疏生，有花 8 ~ 12 朵；萼片与捧瓣都较狭细，萼片狭似鸡爪，开足后常反卷；花瓣比萼片略宽而短，唇瓣不明显 3 裂，中裂，长椭圆形，常反卷；花色丰富，有黄绿、紫红、深紫等色，一般具有杂色脉纹与斑点，也有洁净无暇的素花。花有香气。

5. 果实：蒴果。

〖类型及品种〗根据花色不同，可分为红花类、绿花类、紫花类、白花类、桃红花类、黄花类和群色类七类。

〖观赏期〗观花植物，花期 9—12 月。

〖园林用途〗花香形美，花色艳丽，叶挺拔弓垂，疏密有致，秀逸飘举，柔中带刚，叶花共雅，在中国兰花中因独具魅力而被重视，常作盆栽。

【小知识】

寒兰花期因地区不同而有差异，通常集中在 10—11 月开花，但也有 7 月和 1 月开花的，甚至还有4—5月开花的。因此有人认为，寒兰应有春寒兰、夏寒兰、秋寒兰等之分。

十、墨兰 *Cymbidium sinense*（见图10—13）

〖别名〗报岁兰、拜岁兰、丰岁兰、入岁兰。

〖科属〗兰科兰属。

〖产地及分布〗原产于我国福建、海南、台湾等省，主要分布在福建、广东、广西、云南、四川和海南、台湾等地，越南、缅甸也有分布。

图10—13　墨兰

〖识别要点〗

1. 株形株高：多年生草本，根粗长。

2. 茎：假鳞茎较大，椭圆形，少数纺锤形，直径1.5～2.5 cm。

3. 叶：叶片4～5枚，丛生于假鳞茎上，叶片硕大而亮丽，剑形，长40～90 cm，宽3～4 cm，深绿色；叶缘无锯齿，上半部向外披散。叶形有长倒卵形、葫芦形、剑叶和大叶、中叶、细叶之别；叶姿有立叶、半立叶、垂叶、粗叶、飘叶和卷曲叶；叶色有青色、黄绿色、墨绿色和金黄色。

4. 花序和花：花莛直立粗壮，高50 cm。总状花序，有花7～17朵，花苞小；萼片通

常披针形，淡褐色；花瓣比萼片宽而短，唇瓣三裂不明显，先端下垂反卷。花色多呈淡紫褐色，缀有深紫褐色条纹。

5. 果实：蒴果。

〖类型及品种〗

1. 墨兰原变种：常分为秋花型和报岁型两类。秋花型的常见品种有秋榜、秋香等。报岁型的常见品种有小墨、徽州墨、落山墨、富贵、十八娇等。

2. 白墨变种：花浅白色，无紫红色斑点或条纹，又称素心墨兰。常见品种有仙殿白墨、软剑白墨、绿仪素、翠江素、文林素、白凤等。

3. 彩边墨兰：叶片边缘有黄色或白色条纹。常见品种有金边墨兰、银边大贡等。

〖观赏期〗观花植物，花期 11 月至翌年 3 月。

〖园林用途〗盆栽可装点室内环境、馈赠亲朋，花枝也用于插花观赏。

【小思考】

在网上查一查建兰、寒兰、墨兰如何区分。

思考与练习

1. 什么是兰科花卉？兰科花卉有哪些特点？

2. 兰科花卉是如何进行分类的？按照不同的分类方法又可分为几类？各有哪些代表种类？

3. 简述蝴蝶兰、大花蕙兰、春兰、寒兰的识别要点。

4. 列举你所在地区花卉市场的常见兰科花卉，说明其形态特征。

实训九　常见兰科花卉的识别

一、实训目的

依据兰科花卉的形态特征对兰科花卉进行分类，并能识别常见的兰科花卉。

二、实训材料

准备当地常见栽培的兰科花卉 10 种。

三、实训内容

1. 教师现场讲解兰科花卉的识别特征指导学生学习。

2. 学生根据兰科花卉不同品种形态特征的特点，现场观察兰科花卉品种的茎、叶、花的主要特征，并将观察结果记入下表中。

3. 学生根据各种花卉的形态特征，识别兰科花卉品种。

四、成绩评估

1. 优秀：全部分析判断正确。
2. 良好：8 个以上分析判断正确。
3. 中等：7 个以上分析判断正确。
4. 及格：6 个以上分析判断正确。

花卉名称	科名	茎的特征	叶的特征	花的特征